101 Things I Learned® in Urban Design School

Matthew Frederick
Vikas Mehta

都市デザイン 101のアイデア

著｜マシュー・フレデリック　ヴィカス・メータ　訳｜杉山まどか

101 Things I Learned® in Urban Design School
by Matthew Frederick and Vikas Mehta

This translation published by arrangement with Crown,
an imprint of Random House, a division of Penguin Random House LLC
through Japan UNI Agency, Inc., Tokyo

凡例

・訳者による本文中の補足は〔 〕で示した。

・本文中で扱われている書籍において未邦訳のものは、原則的に原題のママ記載し、(未)と記した。

・書籍は『 』で示した。

・他の書籍からの引用箇所については、邦訳が刊行されている書籍は既訳を参考のうえ、すべて新たに訳出し直している。

Contents

まえがき

　都市デザインの学生は、日々、矛盾を抱えています。まだデザインの経験がほとんどなく、都市計画の理解も浅い段階で、デザイン実習で都市や町の重要な部分のデザインを任されるからです。学生は目標を達成するための指導を最小限しか受けずに、実地で学ばなければなりません。こうした取り組みは必要でしょうし、指導者である私たちもこれよりよい方法があるとはいえません。ただ、この方法によると学生は反対方向に同時に行動を起こさなければなりません。プロジェクトを完成させるには未来を目指し、プロジェクトを首尾よく完成させるのに必要な理解を得るには過去を振り返らなければならないのです。

　学生はどうやってこの矛盾に対処するのでしょうか？　デザインについて何も知らない段階で、どのようにデザインするのでしょうか？　理解か行動か、一体どこから始めればいいのでしょうか？　学生が非常に広い範囲を学ばなければならないとき、頼りになる具体的な方策はあるのでしょうか？

　答えは教科書や正式な授業計画の中には見つかりそうにありませんが、デザイン実習の中にあります。たいてい、指導者は学生との対話で説明を補ったり、何気なく意見を述べたりして、学生をリラックスさせたり、軌道修正したり、勇気づけたり、激励したりすることで、答えを示すのです。それでも、指導者はこのような補足的な指導が本筋から逸れると授業計画に戻ることになります。表向きは授業計画による指導が「本当の」教えだからです。しかし、私たちはそうした補足的な教えの方が本当の教えである場合が多いと信じています。そこで、そのような教えから101のアイデアを選んで、本書にまとめました。本書の執筆は難しくて気が遠くなるように感じると同時に、自由に好きなことができると思える作業でした。都市計画という人類最大の物理的な事業をこの小さな本に収めるのはほとんど不可能なことでしたが、私たちの本当の目的は都市デザイン実習というものの難しさを学生たちとともに考えることにあったからです。

本書は、主に北米の都市計画のありふれた側面に焦点を当てました。本書の関心は、スーパーシティ計画、都市と自然の間に大規模なインフラを介入させる工夫、従来型の都市計画の再創造、あるいは「戦術的（タクティカル）」都市計画（・アーバニズム）への賢明な関与などといった、都市デザインの今日的な課題に見出せる教えや動向、プロジェクトを追求することにはありません。それぞれから学ぶべきことは多いものの、すべての都市空間の本質的な問題は、一般の人々が普段の生活で重ねる日常の経験にあり、今後も同様であるはずだと、私たちは考えているからです。

だからこそ、私たちは本書が都市デザイン教育とは関わりのない多くの人々にも役立つと思っています。実際、都市デザインの最前線にいる人々、すなわち都市や町の管理者、プロのデザイナーやプランナー、一般市民は、学生と同じようなジレンマに直面しています。具体的な解決法を早急に実現するという期待や希望は、追求するに値するより大きな問題でもあります。この問題に対するありがちな答えは、デザインについてやさしく書き直されたガイドラインや、「完璧な街路」をつくる方策などといった、マニュアル的な解決法に頼ることですが、それだけでは都市デザインがあたかもあらゆる都市に適合する標準的な解決をもたらすもののように思えてしまいます。なるほど、普遍的な原則はあらゆる都市空間に適用されます。けれども、それぞれの空間が、都市に定着し、人々に信頼され、愛される場所になる方法は、それぞれ独自なものです。そのため、都市デザインは直線的に教えることができません。普遍的なものも特殊なものも、ほかよりも先に学ぶべきものもありますが、その入口が決まっているわけではないのです。都市デザインを広く理解するための入口は人によって異なります。本書の101のアイデアが1つでも、あなたにとっての都市デザインへの入口になることを願っています。

マシュー・フレデリック、ヴィカス・メータ

都市デザイン 101のアイデア

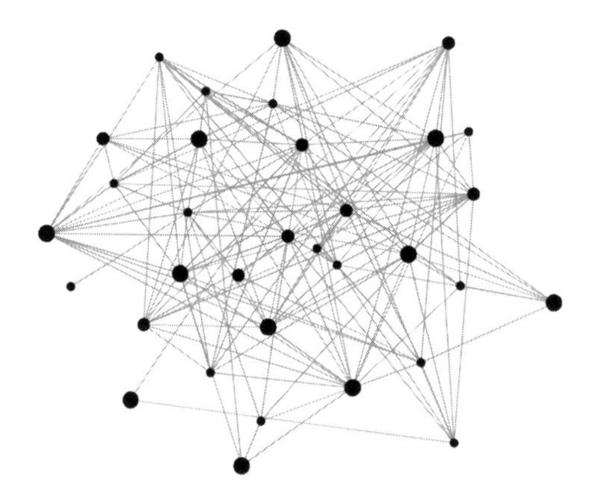

個々の要素だけではなく、全体のつながり

共生システムの中にあるそれぞれの要素は、ほかの要素との結びつきによってさらに確かなものになります。共生的なつながりとは、個々の要素がつながり、それらの要素がシステムとなり、システムがほかのシステムとつながることです。

あなたはほかのみんなと85%同じだ

都市デザインを学ぶために欠かせないツールは、あなたと、あなたが暮らす市や町あるいは村であり、それらはいずれも、1日中いつでも使うことができます。都市空間であなた自身がとる行動をよく考えてみると、どんなことがどんな理由で周囲の人々の役に立つのか、かなりわかるようになります。あなたには、ほかよりも好んで歩く通りや、同じ通りでも一方の側よりも好んで歩く側がありますか？　友人の家に行くときとそこから帰宅するときのルートは別ですか？　町の中のある場所に来ると、道に迷いますか？　見知らぬ人たちと一緒にいて、ある場所では居心地がいいのに、ほかの場所では居心地が悪いですか？　そして、いちばん大切なことを考えてみましょう。こんなふうに、あなたの行動や経験に影響を与える場所の特徴を明らかにできますか？

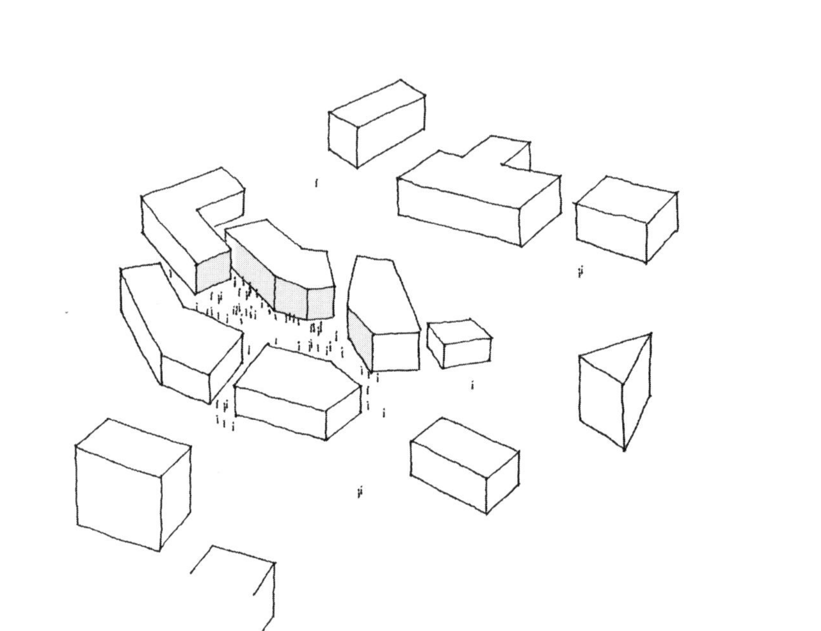

人は囲まれた空間を好む

大方の予想とは異なり、ほとんどの人は広く開放された空間を嫌います。広々とした野原をハイキングしたり、海辺に行ったり、車の中から広大な景色を眺めたりするのを楽しむ場合もありますが、都市の景観の中で過ごすために選ばれる屋外空間は、輪郭がはっきりしていて、囲まれた場所なのです。

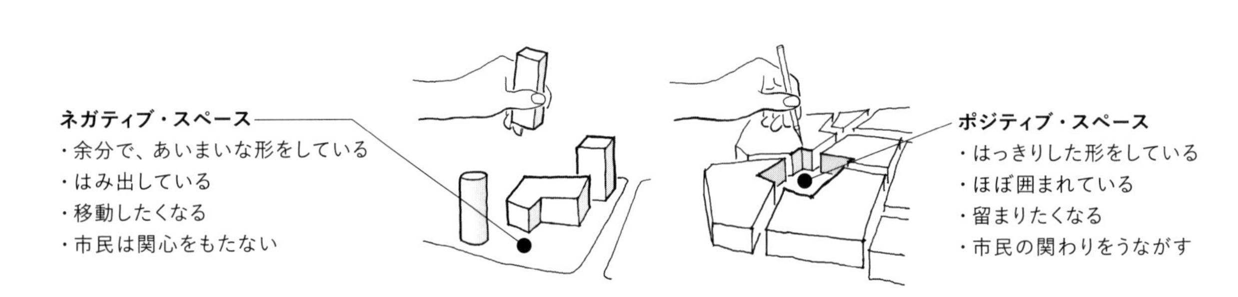

対象を優先する　　空間を優先する

考え方を反転させる

私たちの文化は、現実を形のある物体、すなわち対象の配置として捉え、理解する方向に私たちを仕向けています。現代人の視点からすると、空間は、その中に対象を創造し、配置する間隙です。私たちは空間に形を与えようとはしません。対象を配置したあとに残った余分なものとして、空間を扱いがちです。

ところが、都市空間を創造する場合は、空間を余分なものとは考えません。通常であれば形を与えられるのは建物ですが、都市デザイナーは屋外空間に形を与えます。そして、たいていは建物が余分なものになります。つまり、都市デザイナーは、公共の街路や広場が意味のあるはっきりした形になるように、建物を設計、設置し、建物の形をつくるのみならず、変える場合もあります。

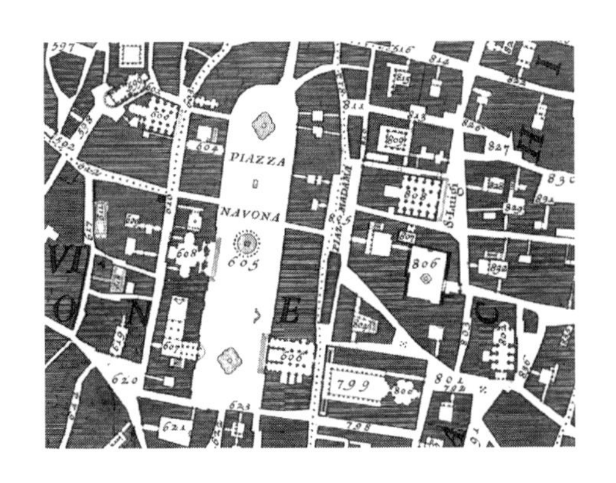

ノリの地図*1（ローマ／部分）1748年

空間は空間をつくらない、「形」が空間をつくる

公共空間にはっきりした形を与えるには、さらなる空間ではなく、多数の建物の形によって、空間を囲む必要があります。歩行できる地域では、建蔽率（一街区における敷地面積に対する建築面積の割合）は通常、50％を超えています。古代都市の建蔽率は90％を超えていたようです。

ボストンの地理的な
意味での郊外

郊外の特徴をもつ
多くの地域

行政区分は市

アーバン・ヴィレッジと
アーバン・ヴィレッジに
準ずる13の地区

マサチューセッツ州ニュートン

都会は必ずしも都市とは限らないし、郊外は必ずしも郊外とは限らない

都市　人口密度が高く、さまざまな用途が混在しています。都会の政治的境界の内側や外側にある地域ですが、その規模は、村、近隣、地域、町、市などに相当します。

郊外　郊外（suburban／サバーバン）とは文字どおり、都市ほどの規模はなく〔suburbanの「sub／サブ」は「～に満たない」、「urban／アーバン」は「都市」の意味〕、人口密度が低く、用途によって区分されている場所です。また、その一部あるいは大半が都市化しているとしても、大都会の外れに位置する集落は、どれも地理的な意味では郊外になります。

都会　多数の人々が暮らす、複雑な囲い込まれた集落で、通常は都市や郊外を、ときには田舎も含みます。自治体である場合もそうでない場合もあります。

アーバン・スプロール　サバーバン・スプロール*2の誤称。都市化は集約を伴うものであり、都市化にまつわる表現も凝縮されて簡潔になります。

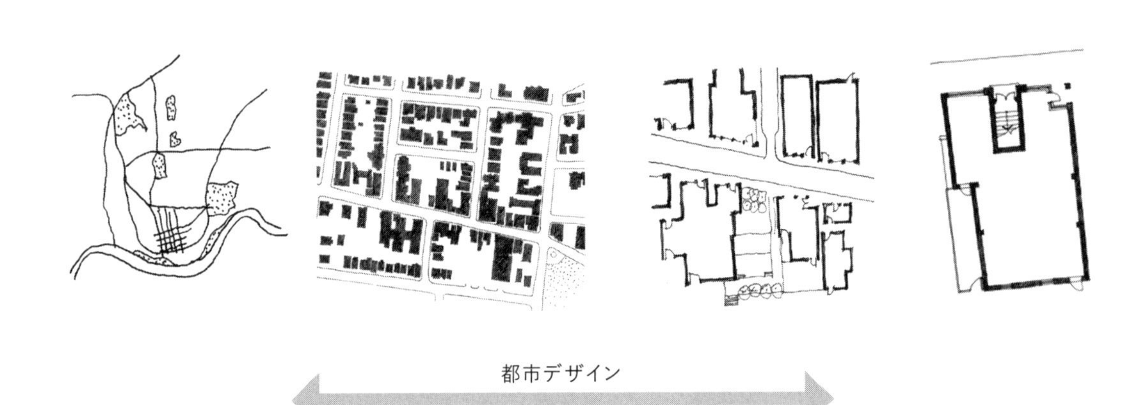
都市デザイン
景観設計
プランニング
建築

都市デザインは建築ではない

都市デザインは建築と影響し合うものの、複数の建物を設計することではありません。これは公共領域の設計であり、特に建物相互の関連性の設計を伴うものです。建築、公共政策、行動科学、社会学、環境科学、景観設計、都市プランニング、工学など多くの分野によって具体化されます。

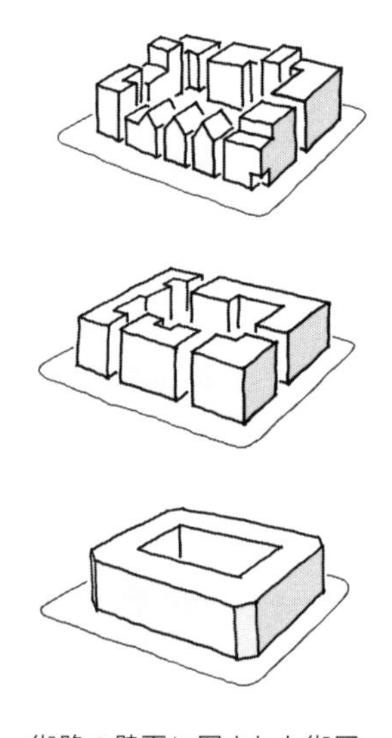

街路の壁面に囲まれた街区

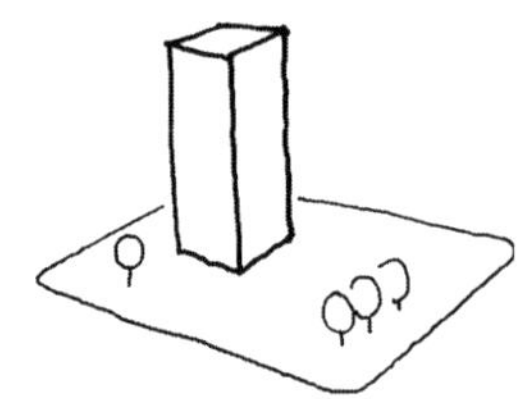

空間の中に対象がある街区

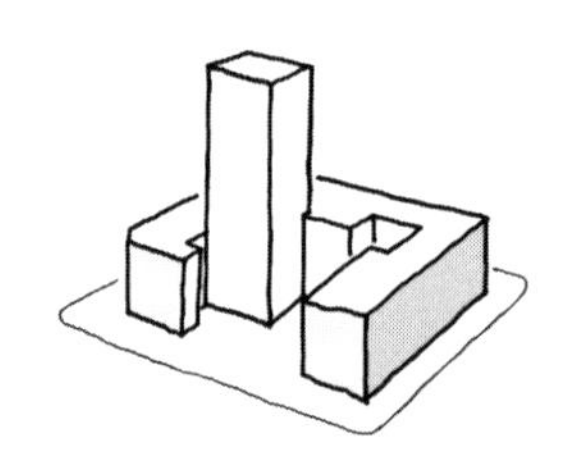

両方の要素をもつ街区

街路の壁面に敬意を払え

都市の建物の大半は、歩道に沿ってあるいは歩道のそばに面して、完全にあるいはほぼ途切れずに並ぶ、**街路の壁面としての建物**であるべきです。このような建物の配置によって、街路の空間が整った形となり、路面階を歩行者の近くに設置できます。とても快適で歩きやすい街路であれば、各街区の歩道に面する部分が建物の立面からなる割合は50%を超えており、100%に近い場合もよくあります。

対象としての建物は空地に囲まれています。街路の壁面としての建物の場合、私たちはその立面のたった1つ、あるいは2つを観察するものですが、対象としての建物の場合は、その周りを回ることで、三次元の物体として認識できます。一般に、対象としての建物は周囲の景観とは異なるように設計されています。たとえば、街路の壁面から後退したところに設置する、観察者の立っている平面よりも高くする、周辺によくある形とは違う形にするといった設計がなされています。

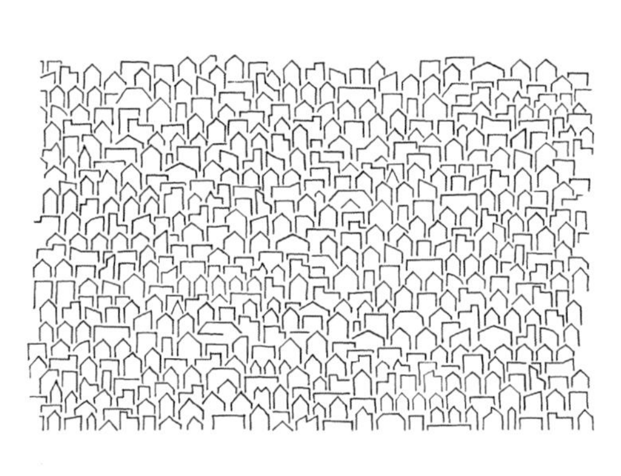

布地を編む

ニットは数多くの糸を1本ずつ編み込んでつくられます。でき上がった布は、ざっと見ると、むらなく仕上がっているように見えます。それでも、よく見ると、糸の色、太さや間隔に実にさまざまな違いがあります。糸の太い部分など均一でないところがあったり、綾目が現れていたり、地模様が編み込まれていたりするものです。

実用的かつ人目を引く服は、シーム、ダーツ、ボタン、ラペル、カフスに、その服ならではの特徴があります。とはいえ、しっかりつくられた丈夫な布地でなければ、特徴などありえません。そもそも服ですらないのです。

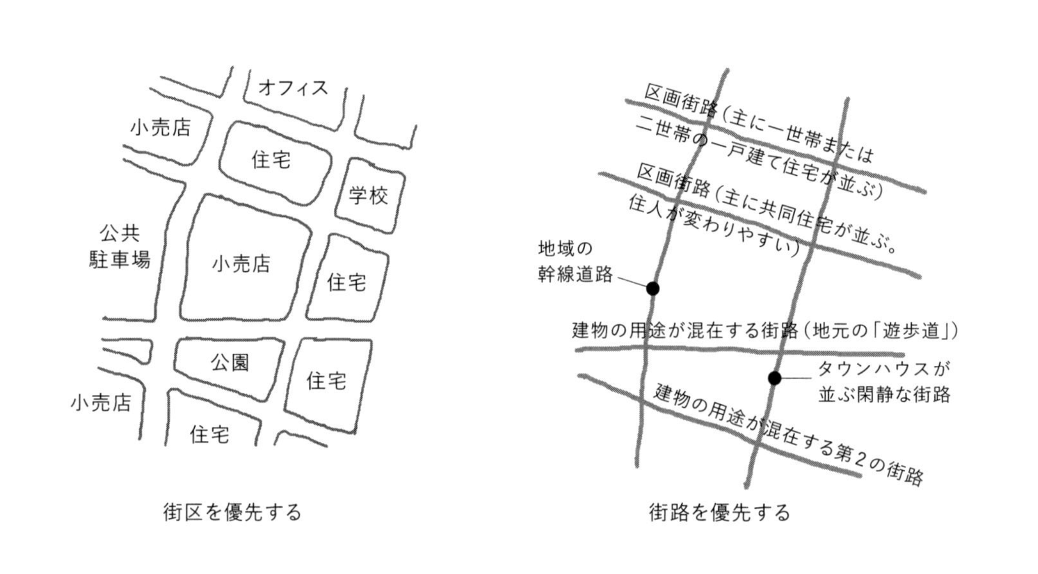

街区を優先する　　街路を優先する

10

街区ではなく街路をデザインする

21世紀の都市デザイナーや都市プランナーは、一般的に都市空間を（たいてい誤解して）それぞれ単独の用途に特化した複数の街区の集合体と考えています。ところが、都市空間で暮らす人々の最大の関心は街路にあります。事業主、住宅所有者、歩行者は、自らがいる街路と、その北側、南側、向かい側の街路との整合性や連続性を求めています。そうした3本の街路と自らがいる街路でそれぞれの目的がまったく同じだとすれば、彼らにはメリットがまったくないのです。

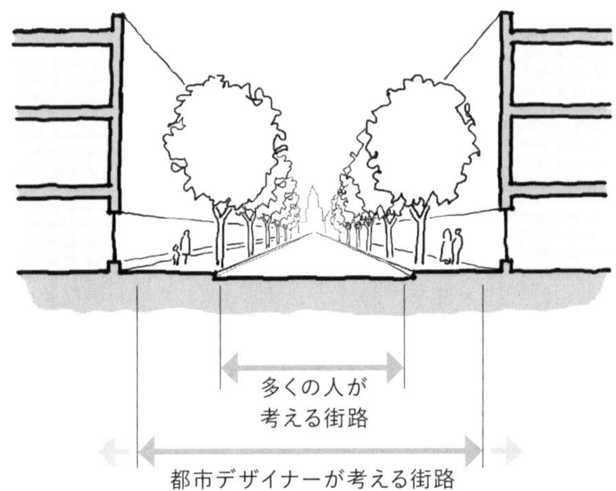

多くの人が
考える街路
都市デザイナーが考える街路

街路は縁石から縁石までではない

街路は車が通る二次元の平面ではなく、建物の正面から正面まで広がるボリュームのある空間です。都市デザイナーが考える街路のイメージは、建物の正面からさらにその内部まで広がる場合もあります。

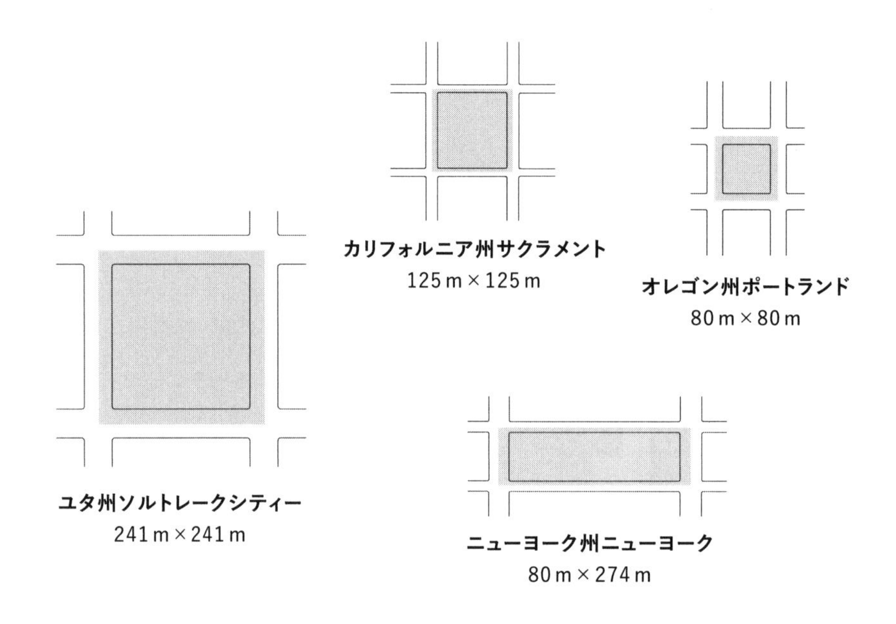

標準的な街区の大きさ。街路の中心線から中心線までで、
街区内を通り抜ける通路がある場合はそれも含む

12

小さな街区の方が親しみやすい

街区の辺の長さが短いほど、街を見て回ったり、好きな移動ルートを選んだり、街区の周りを何となく散歩したりしやすくなります。最も歩きやすい都市空間では、街区の四辺のうち向かい合う二辺はそれぞれ84m未満で、標準的な歩行速度なら1分以内で歩ける距離です。残りの二辺はそれぞれ84mより長いかもしれませんが、約183mを超えるようなら、歩行者用通路、ポケットパーク、アーケードといった街区内を通り抜ける近道を、長い二辺の間に差し渡さなければなりません。

街区の辺の長さが短いと交差点が多くなるので、オフィスや商店の建物の多くが人目につきやすくなります。辺の長さが長いと比較的静かで人目につかない環境になりがちなので、街区内の店舗にはデメリットになりますが、特に大都市の住宅にはメリットになります。マンハッタンの街区の東西方向の街路は非常に長いのですが、そのおかげで、街区の奥まった場所では、街区の短い辺、すなわち南北方向にのびる商店街やオフィス街などの喧騒から逃れることができます。

ミルウォーキー美術館

設計：サンティアゴ・カラトラヴァ*3

すべての建物がランドマークなら、
ランドマークはなくなってしまう

対象としての建物は注目を浴びて然るべきです。ただ、注目を集める対象となるのは、都市や公共機関の大きな建物など、本当に重要なものに限るべきです。ある地域で対象としての建物が例外ではなく当然の存在になると、空地が増えて、住みやすさや歩きやすさが損なわれます。

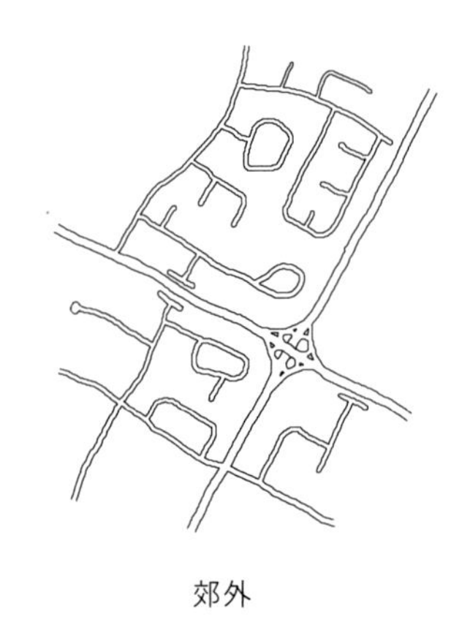

郊外

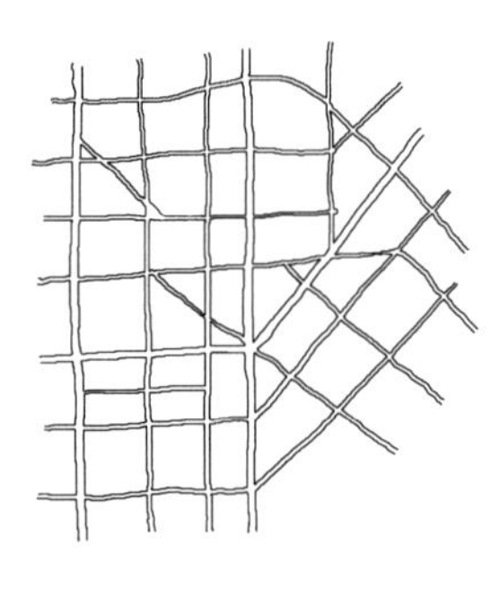

都市

郊外の街路は1つに集まる、
都市の街路は互いにつながる

郊外の街路のネットワークには、たいてい階層があります。道路はそれぞれ、下の階層に当たる道を通る人や車の往来を集めて、上の階層に当たる道路へと送ります。たとえば、郊外の住宅地の袋小路は、そこにある住宅の住民や訪問者のみに使われることになっています。このような小道は近隣の環状の道路になり、そこから地元のもう少し重要な道路につながり、横断歩道のあるさらに重要な道路になり、最後は多車線の幹線道路から主要な幹線道路になります。

都市の街路は郊外の街路のような階層がなく、相互に関連しています。ほぼすべての街路はそのほかの多くの街路とつながっているので、都市の街路のシステムの中であれば、どの場所からでも、ほぼどんな街路を通っても、別の場所へ行くことができます。住民専用の街路でも人や車が通行できれば、都市の街路全体のシステムにかかる負担が軽減され、社会の相互のつながりが促進されます。

BEST BUY

郊外の住民は目的地に向かって一直線に歩く、都市の住民は通りを平行に歩く

郊外の土地は用途に応じて構成されているので、郊外で暮らしていると、あらかじめ選んだ目的に合う場所だけを目指して移動しがちです。複数の目的地に向かうときや、目的地の間を移動するときは、その都度、目的を1つずつ果たしていきます。移動の途中で未知の経験をするつもりはまずありません。そういうわけで、郊外で暮らす人は小規模なショッピングセンターで買い物するとき、駐車場に停めた車と店の入口の間しか歩かないことが多いのです。複数の店に行くときは、用を済ませた店から車に戻り、そこからわずかな距離をドライブし、車を停めて次の目的の店まで一直線に歩いていくことを繰り返します。

都市で暮らしていると、途切れなく続く通りに沿って最短距離をとらずに移動するので、その途中で偶然の出来事に出会います。一度に1つのことではなく、複数のことが生じるのです。都市部では目的地を決めて移動するときでも、その道のりは味わい深く、変化に富んでいて、興味をそそるものになります。

16

「都市計画は、目的地までの道のりを目的地と同じくらい望ましい状態に仕上げられれば、うまくいく」

―― ポール・ゴールドバーガー＊4

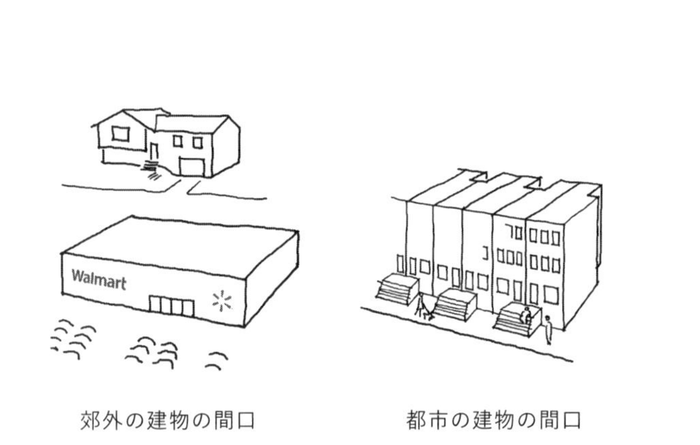

郊外の建物の間口

都市の建物の間口

大きな建物の間口の応用例

間口を狭くする

最も歩きやすい街路では、通り沿いの建物の間口や敷地の横幅はたいてい6m未満です。建物の間口が狭いと、歩行者は短い距離で多くのチャンスに恵まれます。間口30mの建物1棟の前を歩くのと同じ時間で、間口6mの建物5棟の前を歩けるからです。その途中で、5つの興味深い体験をしたり、5軒のいろいろな店と馴染みになったり、5人のさまざまな隣人に会えたりするでしょう。

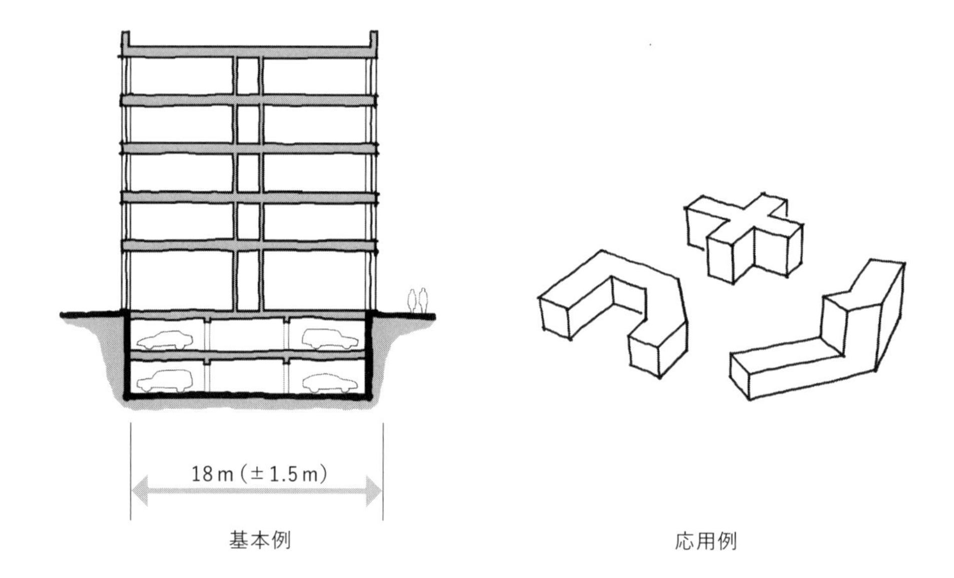
18 m（± 1.5 m）
基本例
応用例

建物はどれも間口17〜20mで奥行きのある短冊状の空間にすべし

122m四方の街区いっぱいに、1棟の建物が立っているとしましょう。住民の一部は、自然の光や風が入るところから61m奥まったところで暮らすことになりますが、これはありえない距離です。そのうえ、そこまで奥まったところに行くには、迷路のような廊下が必要になります。

都市の大きな建物はどれも、17〜20mの間口で、廊下がある従来型の建物の一種として設計すべきです。これくらいの横幅があれば、共同住宅、ホテルの客室、教室、病室、オフィスなど、用途が決められた空間を屋内の廊下の両側に収めることができます。別の階に駐車場をつくる場合も便利です。

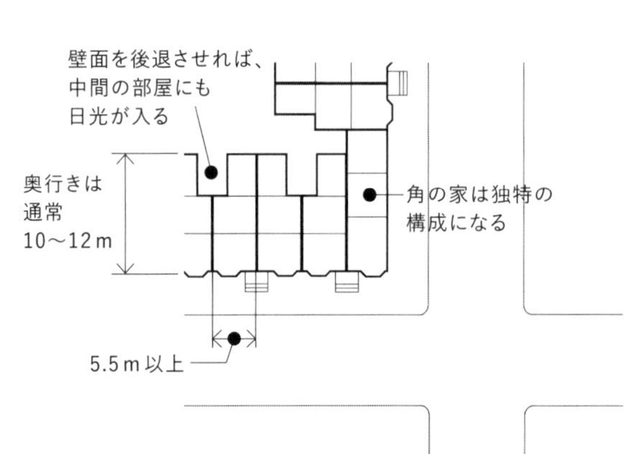
壁面を後退させれば、
中間の部屋にも
日光が入る
奥行きは
通常
10〜12ｍ
角の家は独特の
構成になる
5.5ｍ以上

19

タウンハウスには最大で3部屋分の奥行きがある

都市部のタウンハウス〔低層の長屋建住宅〕には、建物の正面から裏手にかけて、ほぼ必ず3部屋分の奥行きがあります。そのままでは中間の部屋には自然の光や風が入りません。ただ、たいていは、いちばん奥の部屋の間口を手前の2部屋の間口よりも狭くするので、中間の部屋にも自然の光や風が直に入るわけです。

シャルル=エドゥアール・ジャンヌレ（ル・コルビュジエ*5）が
描いた「輝く都市」のスケッチ

下手なスケッチを何度も描く

アイデアの重要なポイントを伝えるには、内容が完璧に伝わる図面を引けるようになるまで待つよりも、下手でもすぐにスケッチを描く方が得策です。スケッチはアイデアを伝えるための手段であって、最終的な正解ではありません。「私がいま考えていることはこれです」と伝えるものであって「私が出した答えはこれです」と伝えるものではないのです。

伝えたいアイデアがはっきりしないなら、とにかくスケッチを描くこと。いますぐ下手なスケッチを描いて、その絵から伝わってくる内容をよく考えて、ほかの人たちの意見を取り入れたら、時間の余裕があるときに前よりもうまく描きましょう。別のアイデアの下手なスケッチもたくさん描き続けてください。そうすれば、結果的に採用しないアイデアを厳密に表現するといった時間の無駄を省くことができます。

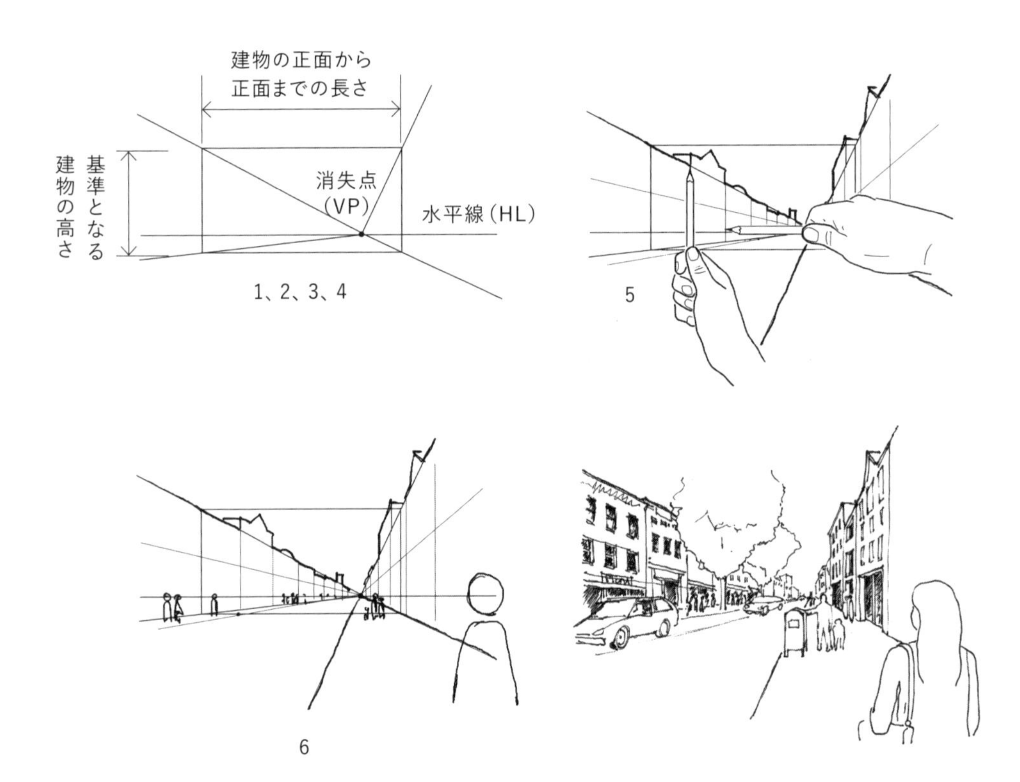
建物の正面から
正面までの長さ
基準となる
建物の高さ
消失点
(VP)
水平線(HL)
1、2、3、4
5
6

一点透視法*6を用いた街路の描き方

1　**街路の横断面に比例する長方形を描きます。**建物の正面から正面までの長さが18m、基準となる建物の高さが9mなら、横と縦の比率が18：9（すなわち2：1）の長方形を描きます。

2　**水平線（HL）を描きます。**この線は地面に立っているあなたの目の高さになります。あなたの身長が168cmなら、目の高さは約152cmで9mの6分の1に当たります。そこで、水平線は、長方形の下辺から、縦の辺の6分の1の長さだけ上がったところに描きます。

3　**消失点（VP）を水平線（HL）の上に記します。**右側の歩道からの眺めを描く場合、消失点は長方形の右端近くに記します。街路の中央からの眺めを描く場合、消失点は水平線の中央に当たるところに記します。

4　**消失点から長方形の4つの角へガイド線を描きます。**この4本のガイド線は、街路沿いに並ぶ建物のいちばん上と下の線になります。

5　**縁石や建物そのほか主要な要素を描きます。**実際に街路を見ながら描くなら、鉛筆をもって腕をのばして「鉛筆を長さの単位」にして、すべての要素の相対的な大きさを決めます。

6　**あなたと同じ身長の人物を描きます。**その人物の頭を、頭の上下を結んだ線の中央が水平線上にくるように描いてから、頭の大きさを基準にして体を描きます。7頭身半が標準的な身長です。

通りを安全にするのは警察ではなく市民

ある場所を使い、そこを見守っている人々が多いほど、人々の関心は多様になるので、その場所は安全になるものです。

さまざまな人々がその場所を使う多くの理由があるかどうかを確かめるなら、必要だと思う場所すべてで**使用テスト**を行いましょう。人々が特定の日や週を通してその場所を使うかどうかを確かめるには、**タイムラインテスト**をしましょう。若者やお年寄りがその場所でメリットを得られるかどうかを確かめる場合は**年齢テスト**を、地元の住民やよそから来る人々の利用状況を正確に知るには**住民・訪問者テスト**をしましょう。人々がその地域のほかの場所へ行くときに、目的地以外の場所に寄るかどうかを確かめる場合には、**ルート・目的地テスト**を行いましょう。その場所の形や境界が原因で、そこに留まる時間が短くなるか長くなるかを確かめるには、**座る・立つ・寄りかかるテスト**をしましょう。1日あるいは1年のうちで日照がどれだけ違うかを確かめるなら、**日なた・日かげテスト**を行いましょう。住民が自宅から、特に1階や2階から、通行人を監視しやすいかどうかを確かめる場合は、**おせっかいな隣人テスト**をしましょう。このテストに合格する公共空間ならとても安全だといえるでしょう。

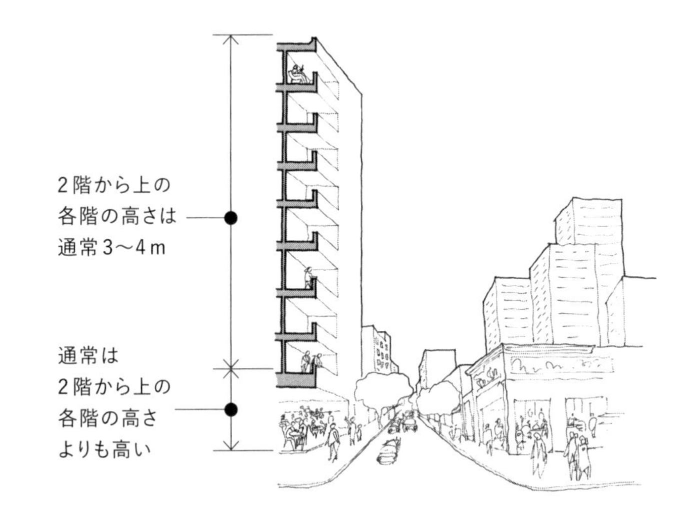
2階から上の
各階の高さは
通常3〜4m
通常は
2階から上の
各階の高さ
よりも高い

23

4階になると、通りとの一体感を失いがちになる

建物の2階にいると、階下の歩道にいる人の声が聞こえ、顔がわかり、相手と短い会話を交わせます。3階では、歩道にいる人とのやりとりはかなり難しくなります。4階では、歩道にいる人よりも、近隣や地域の方を意識するようになるものです。さらに上の階では、都市のスカイライン〔空を背景とした建築物や地形の輪郭線〕、自然の景観、地平線、空を意識するようになります。

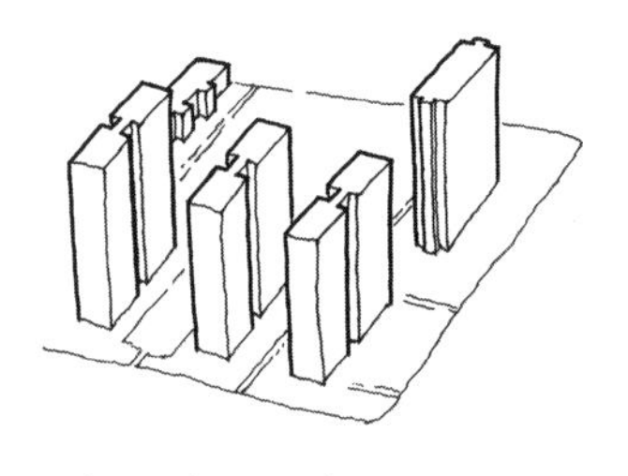

ヴァンダイク団地
13棟は14階建て、9棟は3階建て

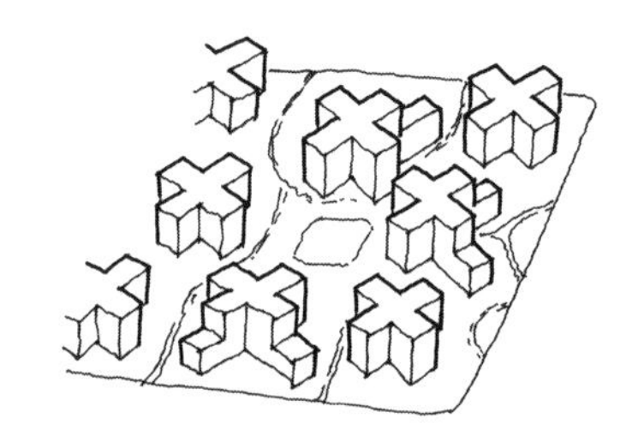

ブラウンズヴィル団地
全棟、3階建て翼棟がついた6階建て

ヴァンダイク団地		ブラウンズヴィル団地
16.6%	**建蔽率**	23%
288人（1エーカー当たり）	**住民の密度**	287人（1エーカー当たり）
94.4%	**非白人世帯の比率**	97.4%
4,997ドル	**平均所得**	5,056ドル
185件	**住民1,000人当たりの犯罪件数**	147件

＊1エーカーはおよそ4,047㎡

出典：オスカー・ニューマン*7著『まもりやすい住空間』

同じ密度でも結果は違う

1972年、建築家のオスカー・ニューマンは、ニューヨークのヴァンダイク団地とブラウンズヴィル団地で発生した犯罪を比較しました。2つの団地は街路を挟んで真向いにあり、住民の密度や人口統計学的特性はほぼ同じでした。ところが、ブラウンズヴィル団地の方が犯罪は明らかに少なかったのです。この違いが生じた理由を、ニューマンはヴァンダイク団地が高層住宅であるからだと考えました。

ニューマンは、ブラウンズヴィル団地の低層住宅の設計が、健全な縄張り制、すなわち住民が自らの家の延長として共用部分を守るシステムを育むと主張しました。そして、ほかの団地で「住民が責任を感じる区域」を広げるのに役立っている設計例を推奨しました。具体的には、住民が人の出入りを何気なく目にすることができる窓や入口の設計や、各戸が小グループごとにまとめられていて、住民同士が親しくなって共用空間を相互に見守ることができる大型団地の例を紹介しました。

この「まもりやすい住空間」の理論は、その一部に対して反対意見があるものの、都市デザインに影響を与え続けています。のちにニューマンは、ヴァンダイク団地とブラウンズヴィル団地について人口統計上の違いをいくつか見落としていたことを認めたうえ、社会福祉への依存、入居に関する政策を重視するようになりました。

ゲマインシャフト／共同社会
（共同体／地域色豊か）

昔ながらの小さな町で見られるような、
親しさや絶対の信頼によって
構築される社会構造

ゲゼルシャフト／利益社会
（社会／国際色豊か）

合理的な契約や、権利と責任に基づく
明確な相互関係によって
構築される社会構造

都市は親しい人と見知らぬ人のためにある

都市の**地域色豊かな**場所では、親密な人間関係が生きています。住んでいる近隣に親近感をもつと、地元への関心が特に重要になり、地域社会への関心を親しい人と共有するようになります。

都市はまた、市民に出会いの場や、見知らぬ人といる機会をもたらします。都市の**国際色豊かな**場所はかつてよりも増えて多様になっています。そうした場所では、身を隠したり、人知れず暮らしたりできますし、自らとは極めて異なる人と知り合いになれるでしょう。

ファーストプレイス／第１の場所

家

セカンドプレイス／第２の場所

職場

サードプレイス／第３の場所

家とも職場とも異なる「たまり場」としてのコミュニティ

レイ・オルデンバーグ*8著『サードプレイス』より

平凡な生活はつまらないものではない

正真正銘の都市文化は、特別なイベントにではなく、人々が街頭で繰り広げる日常に存在します。とりたてて変わったことは起きていなくても、街路や地域に活気をもたらす活動でにぎわう場所に存在するのです。

街路を中心とする都市生活は段階を踏めばつくれるというものではありません。街なかでの生活は、それをつくるための取り組みによって生じる結果ではなく、日常の出来事の副産物として生じる現象です。都市の住民は、歩行者として、子どもを学校まで送ったり、駅へ向かったり、仕事や買い物に出かけたり、図書館に行ったりと、街路における本来の活動を行います。街路はそのための拠点となりますが、そこに純粋な楽しみを見出そうとする人々も現れるでしょう。その意味では、街路を中心とする都市生活は街路での活動ではありません。それは人々があらかじめ目的を決めずに過ごす時間の中で営む平凡な生活なのです。

都市計画の作成を担っているなら、計画に平凡さを取り入れましょう。日常生活に適応し楽しめるような場所を設計しましょう。特別なイベントを中心とする文化がもたらすメリットは、イベントがあるそのとき限りです。日常の出来事がもたらすメリットは毎日続きます。

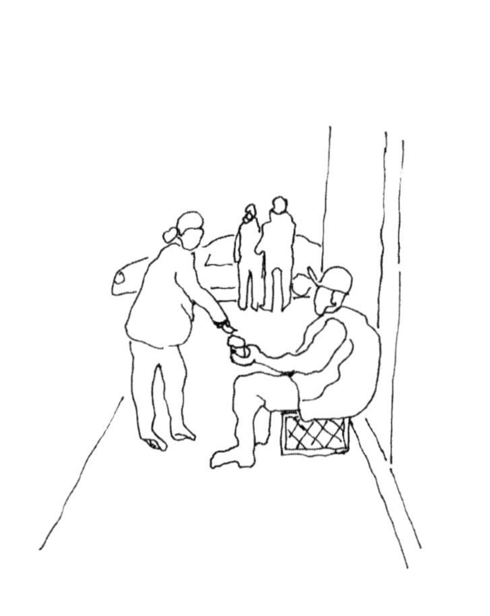

炊き出し所の隣に公園を設計するなら、それは炊き出しを利用する人のためのものであるべきだ

公共空間はあらゆる人のためのものです。あなたが設計している空間から無意識に誰かを排除していないか、慎重に考えてください。あなたの設計が、不適切な社会的意図を示していないか、注意を払ってください。街路の壁面を構成している既存の建物から1m程度後退させたところに新たに建物を建てると、その建物の所有者や入居者が以前からの住民に対して優越感をもっているように世間に思わせてしまうかもしれません。ショッピングセンターで、隣接する豪華ホテルのそばにはベンチを置いてあるのに、センター内のバス停にベンチを置いていないなら、経済的に下層の人々を見下す意図を示しかねません。特定の階級、人種、年齢層が好む活動を行えるように計画された公園は、たとえ計画の方針が公表されなくても、想定する利用者に当たらない人々を排除する結果になるでしょう。

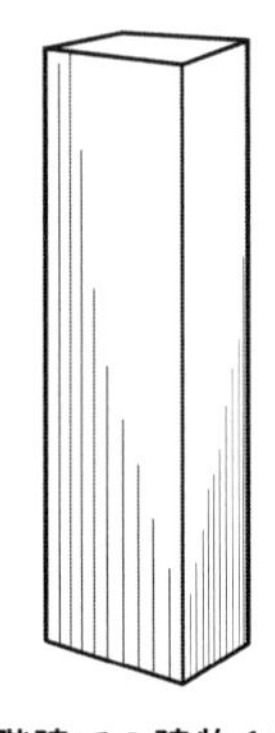

40階建ての建物1棟
（総床面積55,742㎡）

4階建ての建物40棟
（総床面積55,742㎡）

所有者（1人）はここに住んでいない	所有者（大勢）はここに住んでいる
設計者は地元に住んでいない「有名建築家」（1人）	設計者は地元の建築家（大勢）
単一的な建築	多様性のある建築
建設したのは地元企業ではない大手建設業者（1社）	建設したのは地元企業（多数）
企業のテナント	個人経営のテナント
管理者は大企業（1社）	管理者は小企業（多数）
地域や世界の文化を応援する	地元の文化を応援する
ほとんどの利益は地元に還元されない	ほとんどの利益は地元に留まる
地元の住民の1%だけを支援する	地元の住民の99%を支援する

望ましい社会秩序とは何か

社会秩序とは、社会的、経済的、文化的、政治的な慣例および行動が絡み合った仕組みです。明示的な要素（例：憲法に合致するかどうか判断する基準や経済政策に示されているもの）と黙示的な要素（例：暗黙の了解や既定の解釈、組織の慣例や個人の慣習）の両方からなります。社会秩序は数十年あるいは数世紀は維持されるものですが、社会の発展や変革によって変わる可能性もあります。構築環境は、すでにある秩序にせよ、これから生じるかもしれない新たな秩序にせよ、否応なく社会秩序を具体化し、推進します。

「都市があらゆる人に何かを提供できるのは、
都市があらゆる人によってつくられているからであり、
まさにそのような場合だけなのです」

―― ジェイン・ジェイコブズ*9著『アメリカ大都市の死と生』より

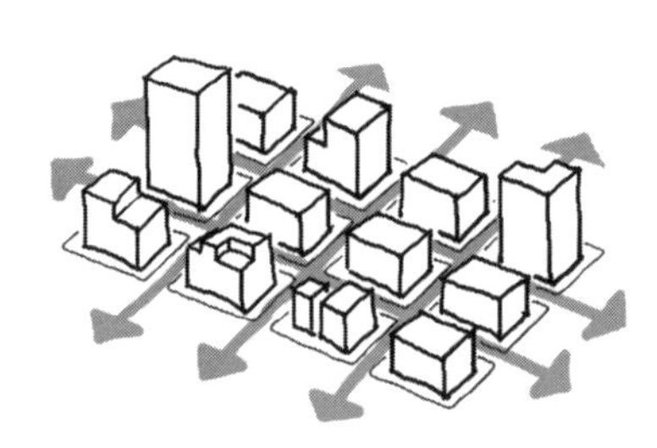

都市における多孔性の規模はさまざま

多孔性＝可能性

多くの孔がある、いわゆる多孔性の建物の前に広がる空間にいると、たとえその建物はよくも悪くもない建築だとしても、その空間には魅力を感じ、心が弾むものです。多孔性が促進されるのは、建物が正面の広々とした開口部のほかに、公共の空間と私的な空間が移り変わる領域も備えている場合です。その種の開口部や領域では、建物内の生活や出来事が公共の空間へ移動していきます。こうした移動が活発になると、私たちはこの領域に関心をもつようになりますし、建物の居住者が公共の領域に関心があること、私たちのような通りすがりの相手にも興味をもっているかもしれないことが示されます。

街路の壁面の背後にあるものを街路が明らかにできないなら、私たちはその明らかにされないものを避けるようになるでしょう。そして、街路で私生活と社会生活が自由に行き来することはないと考えるでしょう。また、私たち通行人は住民から興味をもたれず、場合によっては疑わしい人物だと思われているのではないかと考えてしまうでしょう。

ランダムな仮説：より多くガラスがあることはよりオープンであることを示さない

窓は、公共の領域と私的な領域を取りもつものです。建物の外から中を見る場合も、中から外を見る場合も、私たちはそのとき目にした見知らぬ人々や活動に興味がわきます。そして、その種の人々や活動に対して寛容になれれば申し分ありません。

全体がガラスで覆われた建物の中と外において、公私の領域の横断が最も高まるように見えます。ところが、私たちがガラス張りの建物を通して実際に経験するのは、そうした建物の方がその中と外で隔てられている感覚が強まるということです。ガラスが建物の中と外を存分につなぐことができる様子を目の当たりにすると、私たちの視点は変わります。ガラスの壁をガラスが嵌められていない通常の一枚壁と比べるのではなく、ガラスすらない空間と比べるようになり、ガラスは実は通り抜けできないのだとかえって意識するようになるのです。ガラス越しでは直に接触できません。ガラスの向こうの誰かに直接話しかけることも、陳列されている商品に触れることも、食べ物のにおいをかぐこともできません。ガラスではない従来型の壁から連想する経験や感情 ── 隠すこと、曖昧さ、期待、明らかにすること、見返りなど ── が、ガラスの壁によって失われ、つながりを感じるどころか、必要なものが奪われているように感じるのです。

ICE
CREAM

私たちは怠け者だ……見返りがない限り

人は目的地までのいちばん簡単なルートを探すのが常ですが、そのルートはたいてい最短距離を意味します。遠回りする、階段を昇り降りするなど余計に動かなければならないとしたら、見返りを求めます。都市デザイナーの仕事は、往々にして人にこうした余計な労力をかけさせて、個人的な経験を豊かにし、社会と経済の相互作用をうながすことなのです。

ミッドタウン・スカラー書店、ペンシルヴェニア州ハリスバーグ

中にあるものがわからなければ、わざわざ中に入らない

33

私たちは建物に入る前に、口に出すか出さないかは別として、ある単純な疑問を自らに問います。それは、中に入りたくなるくらい居心地よく、面白いところだと思える情報が、この建物から伝わってくるだろうかという問いです。さらに、こんなふうに考えるかもしれません。商品がセールになっているのは、ひどいガラクタだからなのか、それとも値段が高すぎるからなのか？　どんなことをしたら驚かれるだろうか？　すでに中にいるのはどんな人なのか？　お店の人は私たちに何を期待するのか？　商品を見て回るだけで出てしまったら、お店の人を気まずくさせるだろうか？　それともこちらが気まずくなるだろうか？

こうした疑問に満足な答えが出せなければ、建物の中に気安く入らない方がいいと考えるでしょう。そして、そこから立ち去るでしょう。

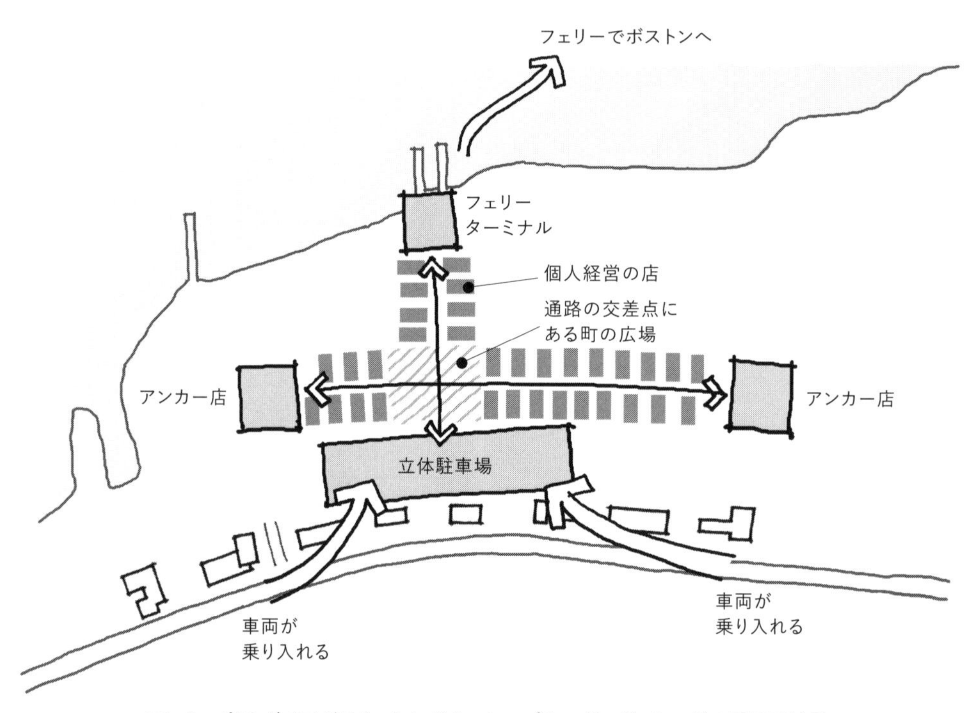

アンカー店のダイアグラム、ヒンガム・シップヤード・ヴィレッジの計画案より

一にも二にも活性化

　郊外のとあるショッピングセンターは、敷地の両端にある2軒のアンカー店、すなわちそのショッピングセンターの中核店である大型百貨店によって活性化されています。もともとアンカー店には買い物客が大勢集まりますが、彼らの大半はもう1軒のアンカー店まで歩いていきます。買い物客がこうやって移動すると、ショッピングセンターの共用空間は活気づきますし、買い物客は途中にある小さな店の得意客になるかもしれません。

　アンカーとなる場所は多くの都市空間の活性化に利用できます。たとえば、同じ敷地内にオフィスビルと駐車場があると、2つの場所を利用する歩行者の活動は、1つの敷地内で行われます。しかし、プロジェクトによってオフィスビルと駐車場を1～2ブロック離れた場所に設置すると、平日に少なくとも1日2回、2つの離れた場所の間で歩行者の活動が生じるようになります。その結果、クリーニング店、コーヒー店、レストラン、薬局、銀行への需要が生じ、建物や商店に加えて、プロジェクトへの投資者以外の人々にも利益をもたらします。

　関連する用途をもつ2つの広い場所であれば、ほぼどんな場合でも、その地域の中核となるアンカーとして配置できます。具体的には、団地とスーパーマーケット、ホテルとショッピングエリア、イベント会場と乗換駅などがあります。とはいえ、アンカーが人を引き寄せる力には限りがあります。2つの場所があまりにも離れていると、その間の空間が十分に活性化されることはないでしょう。

用途：小売店／レストラン　　　　さまざまな活動

用途と同様に活動も特定する

用途とは、敷地、建物、地域の一般的な目的です。ゾーニング規制や建築規制によって、産業施設、教育施設、小売店、住宅、公共施設などの用途に分けられます。**活動**とは、用途よりもはるかに数が多く、用途に応じる特定の行動です。活動を特定すれば、あなたのプロジェクトにうまく日常生活を少々取り入れられますし、活性化を促進してプロジェクトを確実に成功させるのに役立つでしょう。

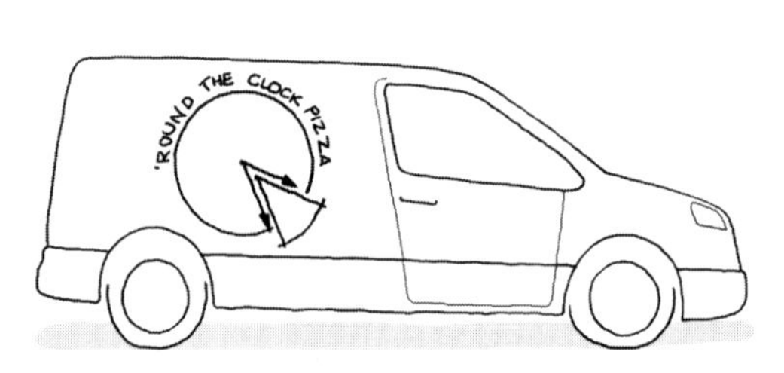
'ROUND THE CLOCK PIZZA

駐車場をとても大きくしたり、とても小さくしたり

地域のあちこちに(8台あるいは10台、20台分の)中程度の広さの駐車場が数多くあると、空地が増えすぎて、歩きやすさが損なわれ、車をもっと使おうという気分になります。ところが、歩行者が多い場所の周縁に1カ所だけあるような大きな駐車場や車庫は、数十台どころか数百台の車を収容しても、都市の景観の大半あるいはすべてを損ないません。

同様に、1〜2台分の自動車用に舗装された狭い区画の駐車スペースは、都市の景観の中に自然に発生している隙間に入り込んでいることが多く、景観を損ないません。例外は、公道から住宅の駐車スペースに通じる自動車用の私道で、タウンハウスの前に整えられている場合もあります。タウンハウスの駐車スペースに入る車が歩道を横切れるように、縁石(カーブ)を削って歩道と車道の段差をなくしたカーブ・カットによって、路上からほぼ1台分の駐車スペースがなくなり、カーブ・カットされた路肩のスペースでは1台の縦列駐車すらままならない場合も少なくありません。その結果、実質的に路上から駐車スペースが減ることになります。

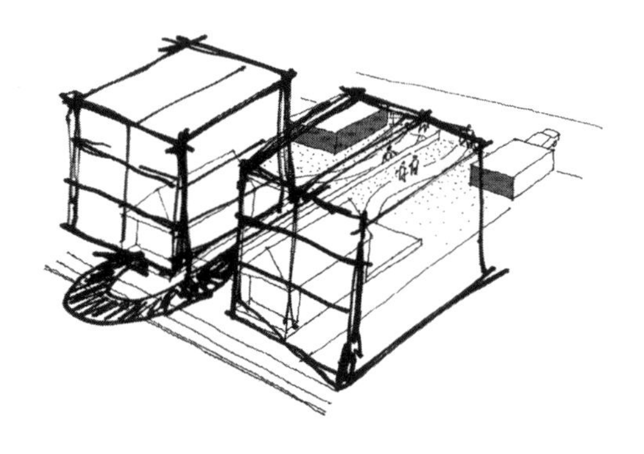

建物の裏手に駐車場をつくる場合は、街路の壁面に空所をつくるなど、
街路の利用をうながす措置をとる。多層の建物の入口は正面に置く

車のあるところに正面が移る

都市では、街路を歩きやすく保つ目的で、建物の裏手に駐車場を設けることがよくあります。ところが、その目的に反する結果が生じる場合もあります。たとえば、景気がよくない街路に立つタウンハウスは歩道に接している場合が多く、共同駐車場は建物の裏手にあります。住民がそれぞれの家にいつも裏手から入っていると、そこが事実上の正面になります。街路に面した本来の正面の入口は、住民には裏口になります。街路は住民に親しみやすくなるどころか、活気を失ってしまいます。

商業ビルの裏手に駐車場がつくられると、路面階の店は、正面と裏手の両方から出入りされることが負担になりかねません。このような状況は、一般に正面と裏手の両方を監視できない小さな店の経営者には、重荷になりかねません。街路に面した入口を閉めて、裏口から出入りするようにしておく商店主もいます。

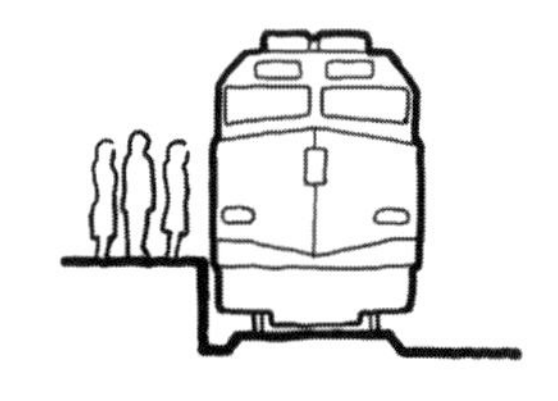

道路から乗る		ホームから乗る
停留所（バス停と同様）	**停留所あるいは駅**	駅
201〜805m	**停留所あるいは駅の間隔**	805m以上
遅め	**速度**	速め
1〜2両	**長さ**	通常は2両以上
都市間／地元	**通常の運行地域**	都市間／地域
直線状／連続的	**展開方式**	大都市あるいはノード（都市の内部にある結節点）
可能	**自動車が通行する街路での走行**	不可能

乗車方法が交通システムを動かす

道路から乗る交通システム（路面電車やたいていは次世代型路面電車［LRT］）では、乗客は歩道や街路から乗車できます。速度はゆっくりで、1〜2ブロックごとに停車します。専用の線路を走行しますが、この線路は乗用車やバスも通る街路につくられている場合が多いので、街路に独特で非現実的ともいえる特徴をもたらします。このシステムは、用途が混在する大通りなど、人や建物の密度が高い状態が途切れず、直線状に開発された場所で展開する傾向があります。

ホームから乗る交通システム（通勤・通学用鉄道のほか、場合によってはLRTも含まれる）では、車両の床平面と同じ高さのホームから乗車しなければなりません。線路が自動車や歩行者の通る道路とは別になっているので、遠く離れた駅の間を速く走ることができます。地下（地下鉄）と高架（高架鉄道）の線路は大都市でよく見られます（例：シカゴ市内を走る地下鉄および高架鉄道「シカゴ・L」）。地下や高架ではなく、地上の道路と同一の平面に線路を設ける場合、線路は自動車の通る街路とは別にしなければなりません。そのため、このシステムは、交通が合流し分散する場所すなわちノード（結節点）としての複数の駅を断続的につなぐパターンとして展開する傾向があります。

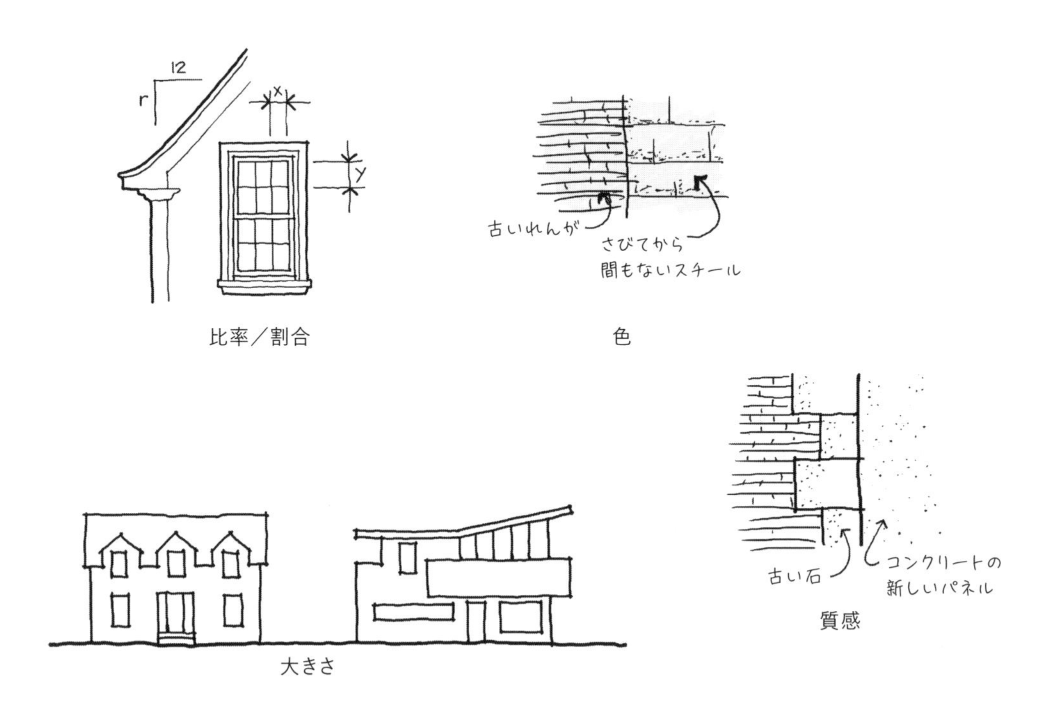

歴史的に重要な文脈においては、様式ではなく、必要不可欠な材料の物理的な特徴に重きを置く

見習うことは真似ることに勝る

39

　真似ることは、物理的な特徴のうわべを再現することです。見習うことは、物理的な特徴から深遠なアイデアを得ることです。設計者はほかの設計者を見習いつつ、見習った設計者の作品とはまったく異なる外観の作品を制作できるのです。

40

「必要なのはヒーローのように見えることではなく、
ヒーローのように見ることだ」

―― オースティン・クレオン*10 著『クリエイティブの授業』より

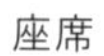

座席

舞台、階段式観客席

活動によって区分する

建物の設備を隠す

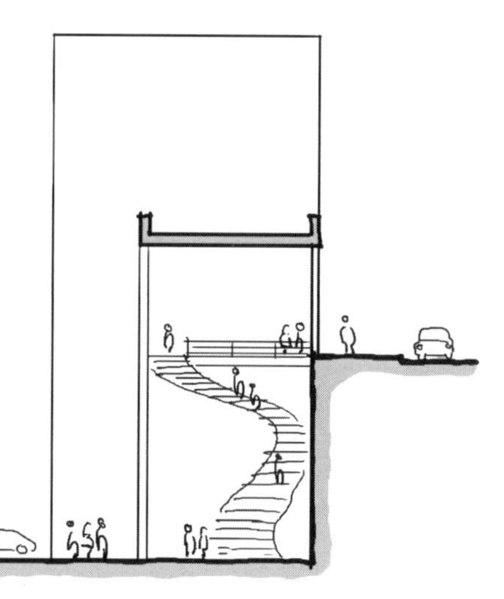

多層のアトリウム

敷地は平らではない

平らに見える敷地でも、数十cmから数m分の高低差があることが多いものです。敷地の高低差に対処するのは面倒かもしれませんが、この種の差はうまく取り入れれば、地元ならではの魅力的な特徴を敷地に取り込む場合にも、敷地全体をある構想に基づいてまとめる場合にも役立ちます。46cm（1.5フィート）の差は、擁壁や座席に向いているでしょう。91～122cm（3～4フィート）の差は、異なる活動を隣接する場所で行う際に用いることができます。305cm（10フィート）以上の差は、内部空間が2層分の高さで、異なる階にそれぞれ入口がある建物をつくる場合や、建物の設備を隠す方法を設ける場合におすすめです。いずれにせよ、敷地にある自然の斜面は、豪雨時の雨水流出の管理に活用しなければなりません。

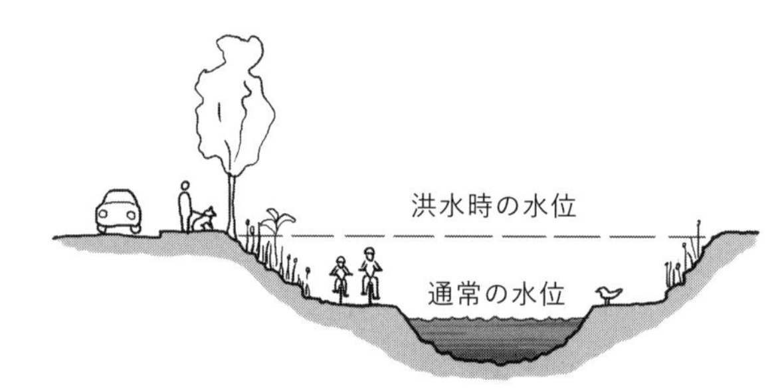
洪水時の水位
通常の水位

42

洪水危険地域を有用なものにする

都市計画は自然の姿をわかりにくくすると思われるかもしれませんが、ハードスケープ〔舗道や石垣など、景観設計における人工的な構造物〕を設計する場合でさえ、設計者は常に自然をデザインしているのです。自然の過程は、設計者が対応すべき本質的な文脈をもたらします。交通システム、遊歩道、建築環境など「ハード」な要素も、自然の過程と同じ働きをします。自然に配慮して計画するなら、人工の構造物も自然も2つの異なるものではなく、まとまりのある1つのシステムになります。

国立第一次世界大戦博物館、ミズーリ州カンザスシティー

敬意を示すには高く、謙虚さを示すには低く

空間や建物を高くすると、その空間や建物が重要であることや特別であること、あるいは勝利の象徴であることが示されます。超然さを表している例もあります。空間や建物を低くすると、より親しみやすく、穏やかで、謙虚な趣になります。状況によっては、服従や敗北を示す可能性もあります。

30〜60cm違うだけで、よくも悪くも大きな差になります。歩道から階段を数段分下がったところに設計した広場は、心がとても落ち着く空間になります。それでも、付近の自動車の交通量が多すぎると、その広場を利用する近くの住民は目の高さのフェンダーやヘッドライトに対してなすすべがないと感じるかもしれません。道路よりも高いところにある公園は、都市の雑踏から少しの間だけ逃れられる場所として歓迎されるでしょう。とはいえ、下からでは公園の様子がわからないなら、あるいは公園まで階段を昇っても骨折り損になるのではと思ったら、多くの人々はその公園を利用しないでしょう。こういうわけで、日常で使えるようにと高いところに設計された空間は、大都市の中の歩行者が多い場所で最もよく機能する傾向があります。大都市の場合、階段を昇ってもいいという人々がほんの一部だとしても、公園の利用者としてはかなりの数になるからです。

すべての面を正面にはできない

建物の正面は堂々としていて、目的に適っており、通常は手入れが行き届いています。裏手は見苦しく、日光が当たらず、悪臭がして、薄気味悪いことすらあります。それなら、正面しかない建物ばかりの地域をデザインすればいいのでは？　荷物の積み下ろし用の台、廃物、付帯設備などを屋内に隠して、不快なものはたった1つのドアから出し入れすればいいのでは？

ところが、こういう設計は実際にはまず不可能なのです。建物のある地域が素晴らしい環境の場合はとりわけ、屋内空間は、建物の用途として経済的にも美観的にも貢献しない目的のために使うには、あまりにも価値がありすぎます。さらに、正面と裏手の違いというのは、建物の公共の空間を用いる人々が、公と私、本式と略式、特別な機会と日常の機会を区別するのに役立ちます。そして、裏手は不快に感じられる部分もあるにせよ、ほぼ必ず興味深い場所なのです。

建物の正面は、たいていほかの建物の正面と向かい合っています。設計案で正面が裏手と向かい合っている場合、そのまま設計すると公的な体験と私的な体験との間で混乱が生じるでしょう。一般にこのような結果は、基本的なレイアウトの確認ミスや、街区、街路、敷地のそれぞれの寸法の見落としで生じます。建物の正面と側面が向かい合う例は交差点付近でよく生じますが、これは往々にして避けられないものなので、許容されます。

空間としての木々

対象としての木々

都市に向く木も、あまり向かない木も

アメリカニレなど、アーチ型のくぼみのような形をつくる木は、公共空間の形を美しく浮かび上がらせます。その一方、サトウカエデやアメリカトネリコなど、その形がほぼ球状の木は、特にまだ若木の場合、公共空間の輪郭をあまり明らかに示しません。

都市デザインにおいて、木々の具体的な配置は、それらを対象と理解して取り入れるか、空間を形づくるものと理解して取り入れるかという判断に、大きく影響します。前庭に点在する木々は美しいものの、よそよそしい対象になってしまい、公共空間の輪郭をほとんど、あるいはまったく明確にしない可能性があります。ところが、同じ種類の木々を縁石沿いに並べると、車用の空間と歩行者用の空間を鮮やかに区分できます。

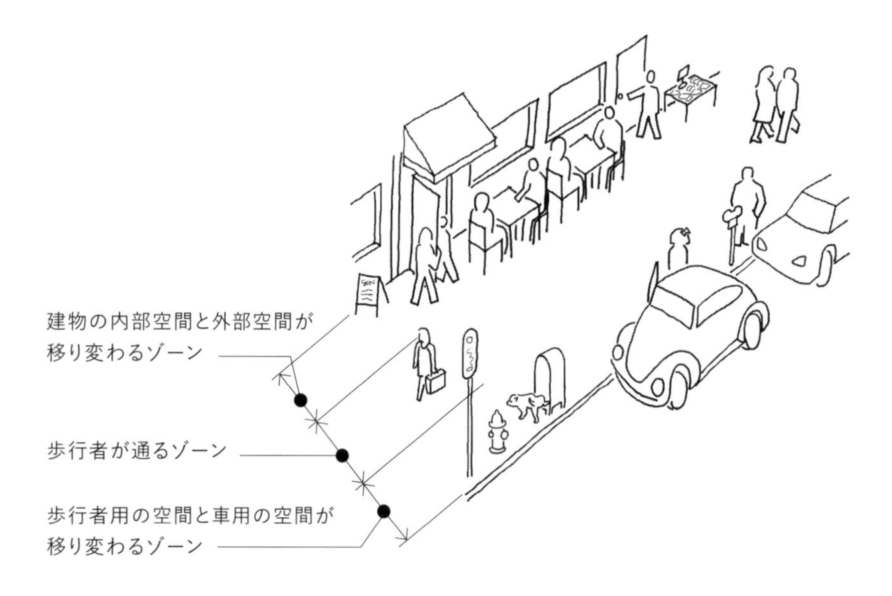
建物の内部空間と外部空間が
移り変わるゾーン
歩行者が通るゾーン
歩行者用の空間と車用の空間が
移り変わるゾーン

歩道の各ゾーン

空間はあなたが思うよりも必要でもあり、あなたが思うほど必要ではない

屋内にいると広いと思う部屋や階段などの空間や要素は、屋外に出てみると混んでいる、狭いなどと感じるものです。屋内での私たちの基準は、自らを尺度にした狭い範囲のものです。自分自身の体や置いてある家具、いつもの部屋を基準にします。ところが、屋外では、私たちの基準はより広い公共のものになります。樹木、街路、建物、街区、広場、空を基準にするのです。

ただし、屋外空間の基準に慣れたら、次は逆の基準で空間を調整しなければならないでしょう。人々が都市で必要とするのは、たいてい思うより狭い空間だからです。都市での多くの活動が、たとえ広さは同じでも郊外のような空間ではなく、都市の特定の空間にこそふさわしいのは、都市の住民が都市の中の距離の近さや雑踏に慣れていて、そうしたものに重きを置いているからなのです。

46

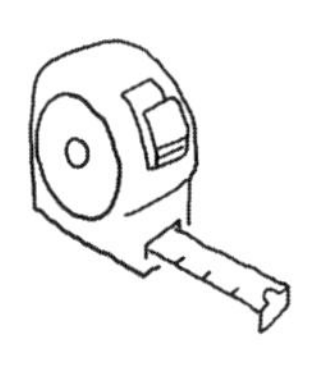

寸法
客観的な測定値

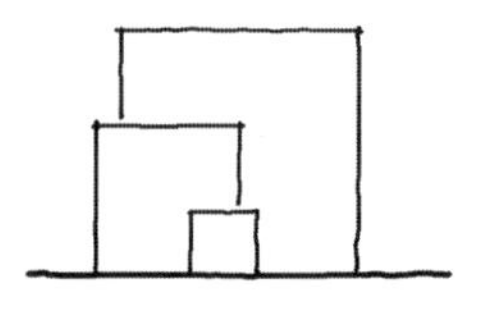

規模
ある存在を別の存在を
基準にして測った寸法

ヒューマン・スケール
ある存在を、人間の身体を
基準にして測った寸法
特に心理的な快適さを
生む場合の大きさ

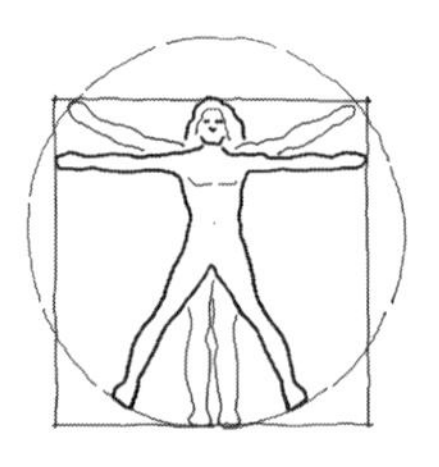

比率
ある存在やシステムに
おける寸法の比較
（例：縦横比）

寸法は重要

空間を満喫していると、多くの質的な要素の影響を受けるので、客観的な測定値の重要性を見過ごしやすくなります。

街路や広場などを設計するときは、同じような空間に足を運びましょう。そして、その空間のさまざまな寸法について推測や直感を働かせましょう。その後、あなたの予想と比較するために、寸法を実際に測ってみましょう。同じような寸法の空間でも、次のような要素によって寸法がかなり違うように感じることに気づくはずです。その要素とは、空間の周縁の明確性、空間が利用されている度合い、硬い表面と柔らかい表面の比率、付近の建物の高さ、付近の空間の大きさや特徴、そしてそのような空間がある都市や町の全体的な大きさと人口です。

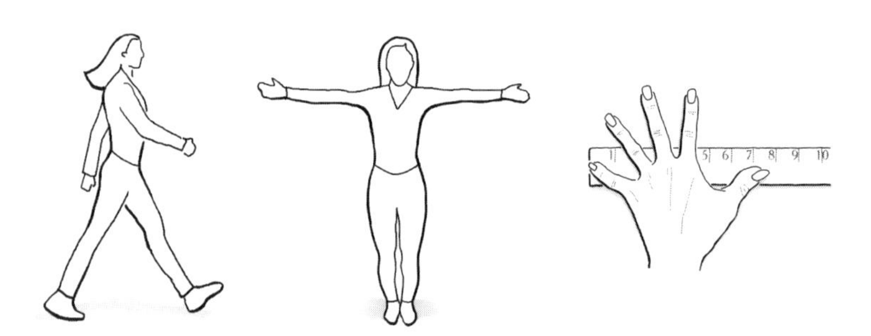
1 5 6 7 8 9 10

自分を測る

　あなたの平均的な歩幅や、両手を横に広げたときの幅、手を広げたときの親指と小指の間隔を測り、その数値を覚えておくと、現場で遭遇したものの寸法がすぐにわかります。レンガ（幅20cm：3段積んである場合は、モルタル目地の部分も含めて、ほぼ必ず高さ20cm）、コンクリートブロック（幅41cm×高さ20cm）、大量生産の室内ドア（たいてい幅91cm×高さ213cm）のような一般的な建築要素の寸法も覚えておきましょう。街区の長さを推定するために、歩道の各ゾーンの数を数えて、それぞれの幅を測るなど、広い地域の規模を系統立てて把握する方法を考え出しましょう。

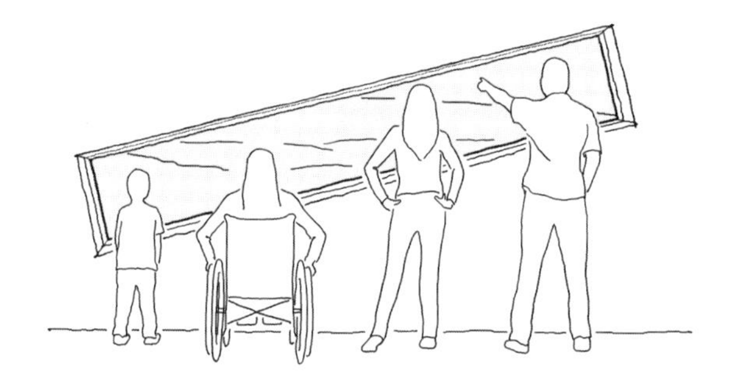

シンシナティ・ネイチャー・センター*11からヒントを得る

単純すぎず、単純に

わかりやすい単純な解決策は、簡潔明瞭で、くどくありません。問題の核心を引き出し、詳細を調整します。短絡的で単純すぎる解決策は、単純な解決策と同じように見えるかもしれませんが、実は違います。単純な解決策は情報が豊富ですが、単純すぎる解決策はその問題の根本に対する微妙な洞察に欠けています。単純すぎる解決策は簡単に思いつきますが、単純な解決策は実現するのがとても難しい場合があります。

ホシムクドリの群れ

複雑すぎず、複雑に

私たちは、複雑なシステムがもたらす経験や知性の多くのレベルに引きつけられます。システムのさまざまな層や側面が、システム全体を豊かにし、強め、多様にします。

煩雑で複雑すぎるシステムは、互いに関連がなく、有益な意見やアイデアの交換もない複数の物事を羅列しているにすぎません。設計に関する複雑すぎる解決策は、あまりにも単線的なプロセスから生じがちです。そのプロセスとは、設計者がある解決策に別の解決策を、さらに別の解決策をそこに継ぎ足していくという方法です。つまり全体的に豊富な情報に基づくより包括的な方法を考えるために、一歩離れて問題を捉えようとしないのです。

50

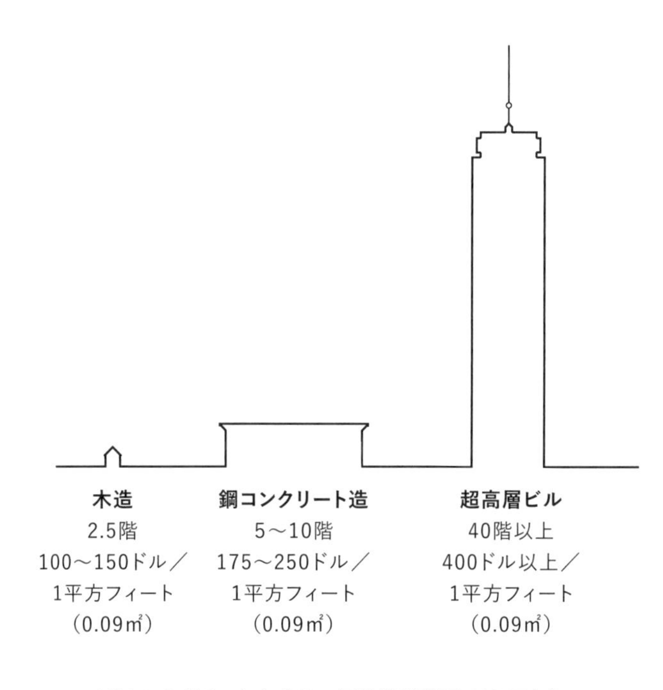

アメリカにおける、おおよその平均建設費用（2017年）

高層の建物ほど効率がいい……ある程度までは

建物の構造が同じ場合、通常は高層になるほど建設費用が低くなります。たとえば、木造の場合、2階建てよりも3階建ての方が1平方フィート当たりの建設費用は低くなります。建物の階数が増えても同様です。鋼コンクリート造の場合も、高層になるほど建設費用は低くなりますが、ある程度までに限られます。30階以上になると、高層になるほど1平方フィート当たりの建設費用は高くなります。それには多くの要因があります。具体的には、1．建設現場でのロジスティックス、2．基礎、上部構造、出口、エレベーター、消火設備、機械のすべてに関するより集約的なシステム、3．地下駐車場、4．環境、社会、交通、経済、法律に関する問題に対処するための初期費用です。

建設費用が高くなると、完成した空間の賃料も高くなります。高層階の間取りがもともと非効率的である点も、その原因です。高層階の間取りでは階段、廊下、エレベーター、機械設備の占める割合が高くなります。高層ビルは敷地の使い方は効率的ですが、間取りは非効率的なのです。

間隙を避ける

　ある街路の先の景観が、がらんとしていたり、ごみごみしていたりすると、そこを通っても面白みがないでしょう。

まっすぐな街路　大きな建物、時計台、給水塔など高層の要素を遮るものなく眺められるように、軸線となる街路を通します。

湾曲する街路　カーブをうまく計算して不快な景観を隠し、カーブの先に何があるのか好奇心がわくように設計します。思い切って前に進もうとする人の興味を引き続けるものを途中に配置しましょう。

並木　縁石沿いに一定の間隔をあけて木を植えると、木々が遠くに描き込まれているかのように見えて、遠景を隠します。

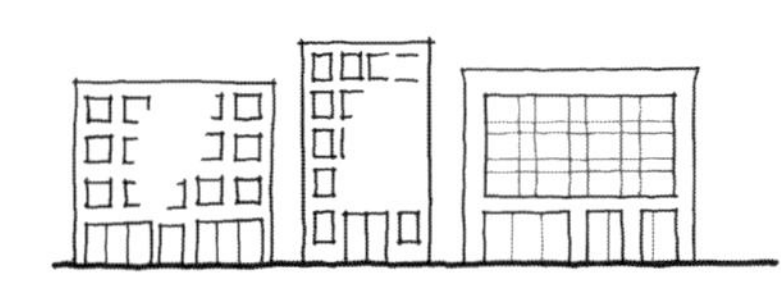

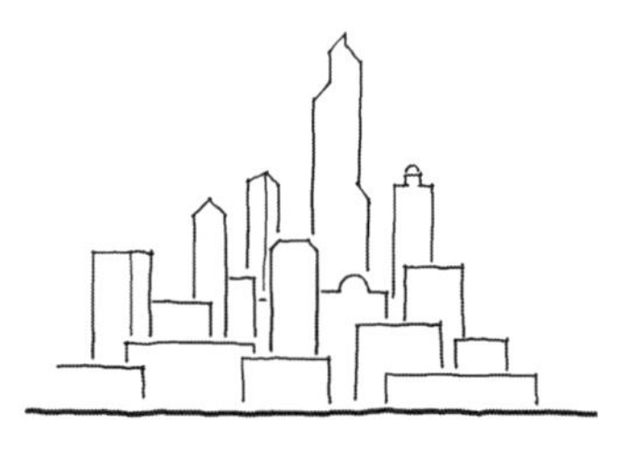

地域色がより豊かになる

国際色がより豊かになる

近隣に特徴をもたせる

木造の建物の近隣　2〜3階建ての建物で、各階に1〜3戸を収め、小さな中庭があります。住民の人口統計学的特性は収入に応じてさまざまで、家族暮らしの世帯も成人の一人暮らしの世帯もあります。商店はたいてい角地か商業地区にあります。

大通りの近隣　昔ながらの小さな町の商業地区には、2〜5階建ての建物が並んでいます。この種の建物には非常に多様な用途やオフィスがあり、上層階は複数戸のマンションになっています。

マンションの近隣　石造や鉄骨造の中層の建物（5〜11階）で、多くの場合、路面階に商店があります。住民の人口統計学的特性は収入に応じてさまざまで、家族暮らしの世帯も成人の一人暮らしの世帯もあります。

都市の周縁の近隣　都市の周辺／遷移地域には、さまざまな用途、規模、特徴の建物があります。住民の人口統計学的特性は多種多様で、貧しく社会から疎外されている市民もいれば、前衛芸術家もいます。

タウンハウスの近隣　典型的なタウンハウスは、通常3〜4階建てで、レンガ造か石造です。住民の人口統計学的特性は収入に応じてさまざまで、家族暮らしの世帯も成人の一人暮らしの世帯もあります。商店はたいてい角地か付近の商業地区にあります。

繁華街の近隣　中心市街地には通常、多くの高層ビルがあります。建物やその中の店舗は企業の所有が多いようです。路面階の小売店は、平日はビルに勤務する人々を、週末はビルの訪問者を、顧客に想定しているでしょう。

パス（道路）
明らかに見分けがつく
歩道あるいは街路

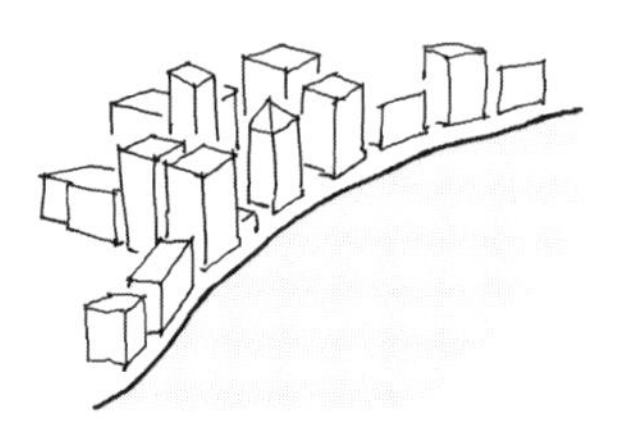

エッジ（縁）
各ゾーンや各機能の
間の境界線

ランドマーク（目印）
象徴的で見分けがつく要素で、
どんな大きさでもよい

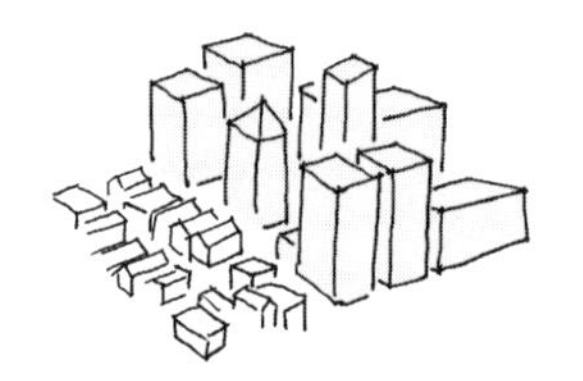

ディストリクト（地域）
独特な物理的特性をもつ地域

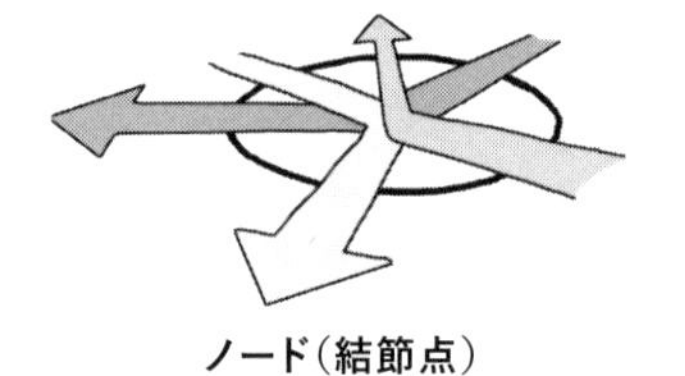

ノード（結節点）
合流し分散する場所

都市の認知地図の5つの要素、ケヴィン・リンチ著『都市のイメージ』による

経路探索

　ある地域、ある町、ある都市を通るとき、私たちは自然にその場所の構成や、その場所のどこにいるのかを理解しようとします。街路や空間を計画する場合、利用者の歩みを正しい方向に案内する要素、すなわち経路探索のための要素を特定しましょう。利用者自身がその地域の中にいるか外にいるかわかるように、その地域に明確な特徴を与えていますか？　一定の距離や間隔をあけて、いくつか異なる大きさのわかりやすいランドマークを設け、利用者がそれを見れば安心できるようにしていますか？　覚えやすいノードをつくり、歩行者が迷わずにもときた道を戻れるようにしていますか？

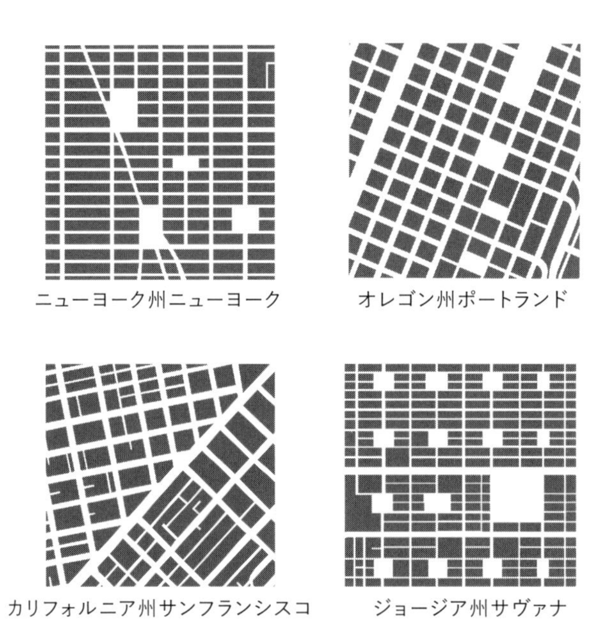

正確な比率ではない地図

秩序は多様性を渇望する

街路を格子（グリッド）状に配置し、その交点が互いに直角になるようにすると、建物の区画に役立つ形が生まれますし、街路の移動が楽になります。街路の名称が規則的に付けられていると、2番通りから3番通りに向かっているとき、4番通りや15番通りへの行き方もわかります。

ところが、格子状の街路ばかり続くと、そのせいでどこにいるのかわからなくなる可能性があります。どの街路も交差点もほかのほとんどの街路や交差点と同じ感じがするでしょう。そして、複数の街区が東西方向も南北方向も同じ寸法や特徴である場合、方向がわかりにくくなるでしょう。

そこで、設計者の賢明な判断によって、格子状の街路から逸脱するような別の形の街路が意図的に加えられると、利用者は退屈が紛れて経路探索がうまくいくでしょうし、特別な公共空間や魅力的な建物にうってつけの敷地がつくられるでしょう。それでも、その種の逸脱をあまり多く取り入れるわけにはいきません。もともとの秩序が失われると、特別な敷地として際立つ場所はほんの少しだけになるか、まったくなくなってしまうかの、いずれかになるからです。

幾何学的な仲間

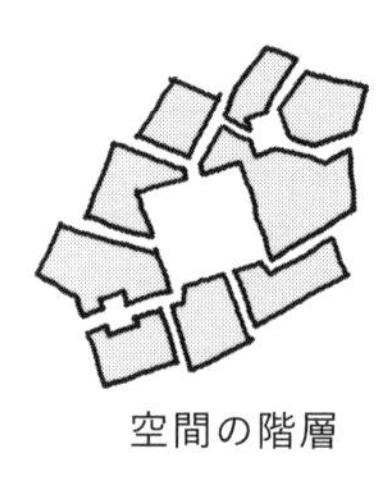

空間の階層

道路

規模の類似性

軸線

材料の類似性

対象の階層

統一するものとは何か?

プロジェクトには、各部分を統一する明確な意思表示やまとめ役が必要です。とはいえ、単に1つのプロジェクトを統一しようとするのではなく、そのプロジェクトをその都市の景観と統一させましょう。

地面との出会いは？

　私たちは歩道にいると、建物全体の形にはめったに気づきません。その建物がとても大きかったり、高かったり、私たちのすぐそばにあるときはなおさらです。目の前で見て気づくのはたいてい1階に限られます。それから次第に気づく範囲が周囲まで広がり、2～3階の高さに及びます。こういうわけで、スカイラインではこれといった特徴のない建物が間近で見ると引きつけられるような素晴らしい建物だったり、スカイラインでは見事な建物が直に見るとひどい建物だったりする場合があります。

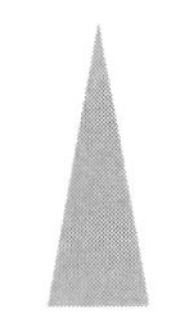

高いところに
向かう形

特別な／
公共の形

斬新な形

伝統的な形

効率的な形

空との出会いは?

建物の全体的な形によって、その用途を表現できますし、その所有者や入居者の価値観を公表できますし、市民の憧れを示唆できます。建物の設計は建築家の仕事になるでしょうが、あなたが計画で提案する建物が、特に高層だったり、自立構造だったり、重要だったりする場合は、あなたがその建物の価値観を提示しましょう。

58

公衆距離（12～25フィート／366～762cm）

他者との交流は期待せず、意思の疎通を図るとすれば、
たいていは会話によってではなく、目で見て心を通わせる

社会距離
（4～12フィート／122～366cm）

接触はしないが、視線を交わして
交流を始めることができる
会話も可能

個体距離
（1.5～4フィート／46～122cm）

くつろいで会話をする距離
相手に手をのばして
触れることができる

密接距離
（1.5フィート未満／46cm未満）

かなり感覚的
とても近くに座り、抱き合い、
手を握り、触れ合う

プロクセミックス*12、エドワード・T・ホール*13の研究に基づく

見るのも見られるのもよい、
観察するのはよいが観察されたくない

人間観察は、ほぼ誰もが人前で好んで行います。ところが、たいていの人は誰かをぼんやり眺めるような振る舞いはしたくないと思い、自分自身が観察されたり、注目されたりする程度を自ら決めたいと考えています。そうした望みは多くの方法で調整できます。具体的には次のような方法があります。

多様な活動を行える空間をつくりましょう。ユニークな活動に参加している場合はとりわけ、活動中のざわめきに紛れて、じっと見られていると思わずに済みます。

境界、角、隅、柱、仕切り、高低差などで空間を区切ると、他者の視線から逃れられる場所を用意できます。そこに入れば、常に監視されているという感覚に陥らずに済みます。

よそから来た人も快適に通れるくらい、**道路を広くしましょう。**非常に広い道路は、街路樹、ベンチ、高低差、変化のある舗装によって、区分できます。

見知らぬ人同士が、これから会話をしなければならないのだろうかと互いに困惑せずに座れるように、**公共のベンチを長くする**か、間隔をあけて置きましょう。人が多く混雑している場所では、ベンチをさまざまな方向に置いたり、動かせるようにしたりして、利用者が社会的な距離をとる意図を体の位置によって伝えられるようにしましょう。

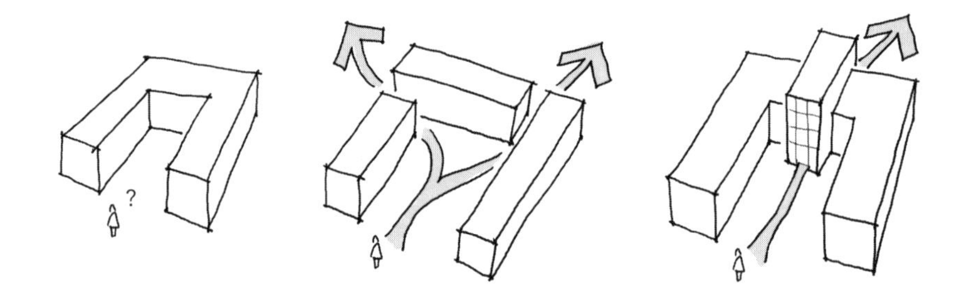

入ると同時に出口を探す

公共空間で、入ったところの向かい側の突き当たりに、それとわかる出口がないと、多くの人々はたとえ突き当たりまで行くつもりがなかったとしても、その空間の利用を思いとどまるでしょう。行き止まりに来ると、知らず知らずのうちに私たちの防御本能は目覚めます。追いかけられている場合、逃げ道がないことになるからです。街路、路地、公共モール、屋内の廊下が行き止まりになっている場合は、同様の空間で通り抜けできる場合よりも、人通り、興味をそそるもの、活気が少なくなります。物理的な行き止まりは、経験、社会活動、文化活動、経済活動の行き詰まりでもあるのです。

境界が失敗すると空間は失敗する

公共空間の中で比較的開放された場所である中央部は、その空間の境界が決まって初めて決まることが多いものです。私たちは生存本能をもつ生き物なので、脅威を与える存在から背後を守る場合、境界のそばを選びます。境界は、立ったり、寄りかかったり、座ったりする場所になるほか、視覚、聴覚、嗅覚、触覚といった感覚を刺激する場所にもなります。

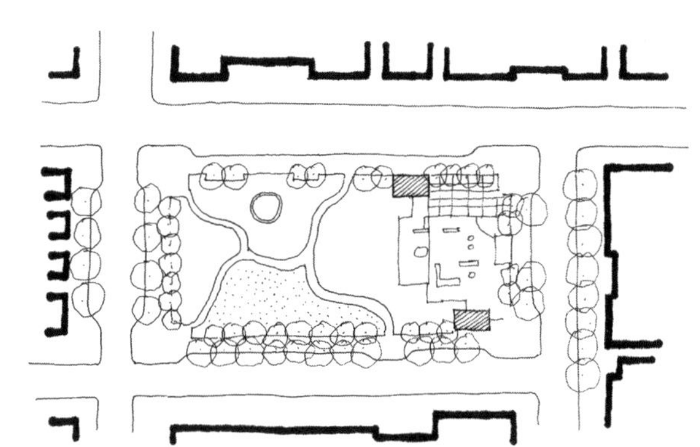

中央を利用できるようにしておく

像、噴水など公共空間の中央にあって焦点となる要素が暗示しているのは、人々は公共の活動に参加するためではなく、その種の記念碑的な建造物を眺めるために公共空間を利用すべきであるという考え方です。この配置は適切な場合もありますが、ほとんどの場合この種の要素は中心から外れた場所に置くのが最適です。そうすれば、人々は公共空間の中央にいることができて、動きがなくつまらないと感じる場所にいなくてもよくなります。このような配置によって、公共空間はさまざまな広さに区分され、いくつかの小さな空間が生まれます。こうした複数の小さな空間は、いろいろな人々によっていろいろな目的で同時に用いられます。記念碑的な建造物を空間の中心から外れたところに置く効果はほかにもあります。歩行者が移動の方向を知るのに役立ち、動線となる場所と集合する場所とが分けられ、付近の建築との関連が明らかになるのです。

62

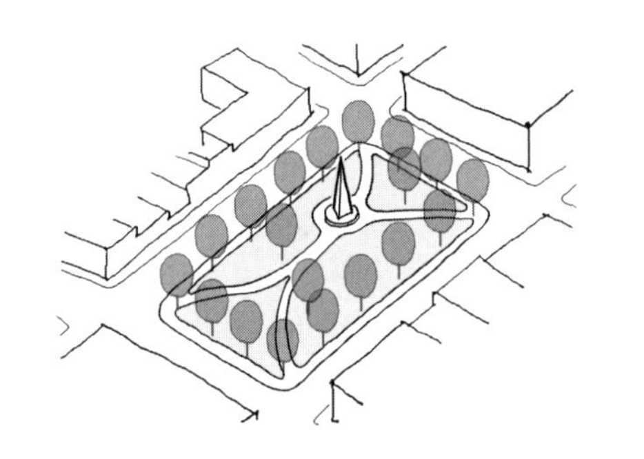

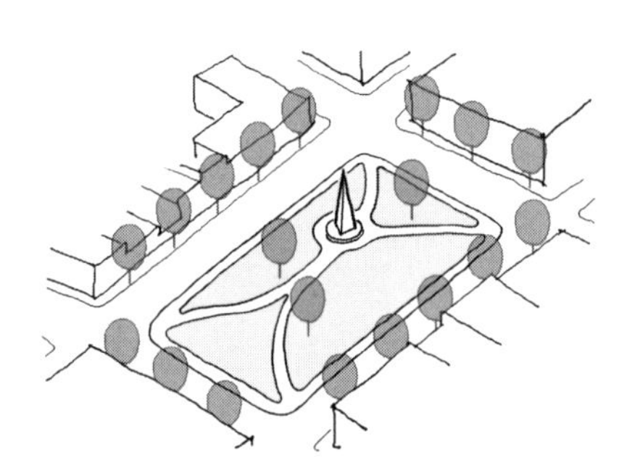

公園の外に公園の木を植える

樹木が公園の縁に植えられていると、公園は周辺から視覚的に遮断されかねません。付近の街路や歩道にいる人々は往々にして公園を目に見える対象として捉えるようになり、その中に入って活動できる空間とは思わなくなります。特に木が密集していると、公園の中に入ってはいけないのではないかと思うかもしれません。

一方、公園の向かい側の街路沿いに同じ種類の木を植えると、公園内で活動できる範囲が広がります。平日の勤務に伴う活動で街路や歩道を利用している人々は公園も利用するようになるでしょう。公園に行くのに余分な時間がかからないからです。

公園の中にいるか、
いないかの二者択一

公園の外にいるか、
中のどこにいるか、
いろいろな選択肢から選べる

一度に数フィートずつ誘い込む

2つに1つのどちらを選ぶか決断せよといわれたら、人はたいてい否定的な反応を示します。ですから、人にある空間を使ってほしい、ある通路を歩いてほしいと考えるなら、決断の機会が増えるようにしておくのがいちばんです。まず、その空間の境界内に簡単に入れるようにしておきましょう。それから、次の機会に誘い込む一連の要素を設定しましょう。そうすることによって、その空間が利用されるようになるだけではなく、誘い込む要素、すなわちある機会と次の機会の「中間にあるもの」が、空間を宣伝するものとして働き、より多くの人を引きつけるでしょう。

64

実際に開閉するドア同士の間隔は、建物の用途が混在する街路では25フィート(762cm)以下に、
住宅街の街路では50フィート(1,524cm)以下にする。

時速5kmに合わせて設計する

標準的な歩行者は秒速約1.4m（時速5km）で歩きます。歩行者の関心を構築環境に引き続けるようにするには、そこを歩きたい、歩くメリットがあると思えるものを、短い間隔で配置しなければなりません。比較的歴史が古い都市では、歩みを進めるたびに、興味をそそられる窓、魅力的なバルコニー、遠くに見える教会の尖り屋根やモスクの尖塔など、次々と新たな眺めが現れます。あなたの設計案では、歩行者にこのような歩くメリットを用意していますか？すぐ近くや少し離れた場所や遠いところに興味を引くものを用意して、歩行者が楽しんだり、経路探索に役立てたりできるようにしていますか？

65

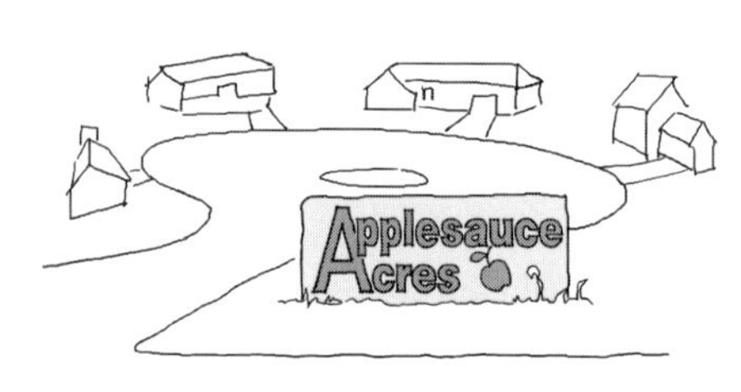

留まるための場所だが、
通り過ぎるためのルートがない

通り過ぎるためのルートだが、
留まるための場所ではない

歩行者と車を分離するのはリスクがある

よい街路は2つの要素で成り立っています。そこは留まるための場所であり、通り過ぎるためのルートでもあるのです。それぞれの目的は密接に関連しています。車の運転中に興味深い街路を見つけると、あとでそこに戻ってきて散策して楽しいひとときを過ごすかもしれません。そうした楽しみには、通り過ぎる人や車の列を眺めることも含まれます。

重要なのは、2つの要素のバランスです。車の通行を優先する街路は、歩きにくくなるでしょう。とはいえ、歩きやすさを向上させるために車の通行を禁止する街路は、車が通らないことによる損失を非常に多い人通りによって埋め合わせられない限り、経済面から考えてつくれませんし、退屈ですし、危険ですらあります。車の通行を禁じる街路はアメリカでは珍しく、歩行者専用の街路は80カ所未満です。そうした街路の一部は車の通行を認める方向に戻りつつあります。

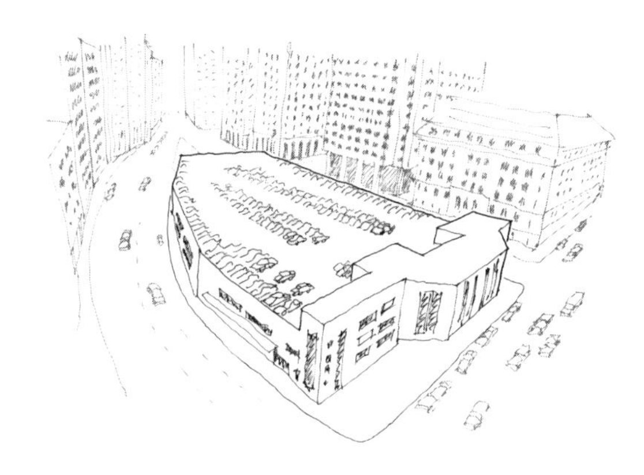

開発前：地上の立体駐車場

開発後：地下７階建ての駐車場を備える公園

ポスト・オフィス・スクエア*14、ボストン

デヴェロッパー：ノーマン・レヴェンタール*15

よいデザインは誰かがそれで儲かるなら実現する可能性が高い

民間デヴェロッパーは、建設予定のビルを小規模にするように、たとえば計画中の公共の広場に隣接するビルの路面階に商店を入居させるといったことを、都市から依頼されるかもしれません。このような依頼があるとデヴェロッパーの費用は上がります。賃貸可能面積が減り、ビルの複合用途を満たすためにそれまでとは異なる資金調達方法が必要になるでしょうし、路面階の建設、管理、維持のための費用が跳ね上がるでしょう。

その一方、公共の広場がすぐそばにあることから、このビルの路面階の商店には顧客が集まるでしょう。入居を考えているテナントは、食事や娯楽のための場所がすぐそばにあるという理由で、このビルの上層階をほかのビルよりもよいと考えるようになるかもしれません。そうなれば、デヴェロッパーは、当初案の想定額よりも高い賃料を請求できるでしょう。その結果、このプロジェクトのこの部分に都市が投じる費用は、増加した資産価値を得る民間セクターが納める高額の税金で埋め合わせできる可能性があります。

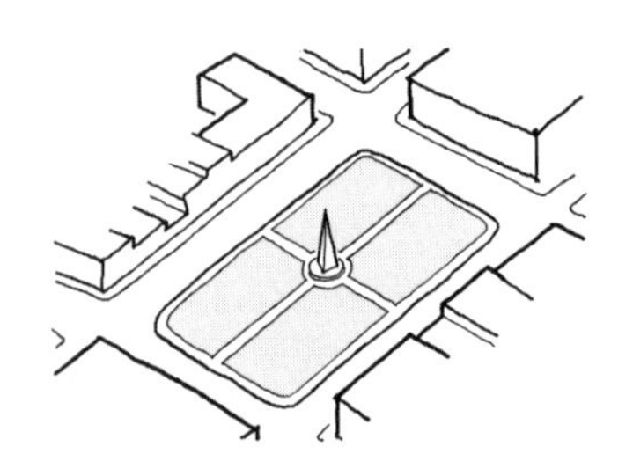

街区内の公園と街路を結ぶ歩道が街路と直交していると、歩行者は公園に出入りするのが面倒になる

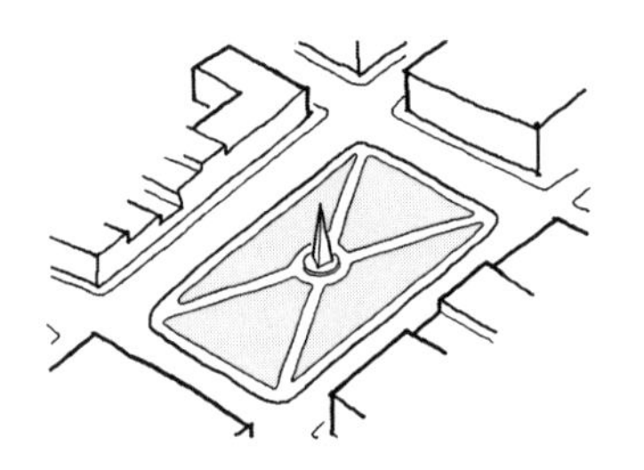

公園の動線につながる歩道が街路の交差点から斜めに通っていると、歩行者は公園に出入りしやすい

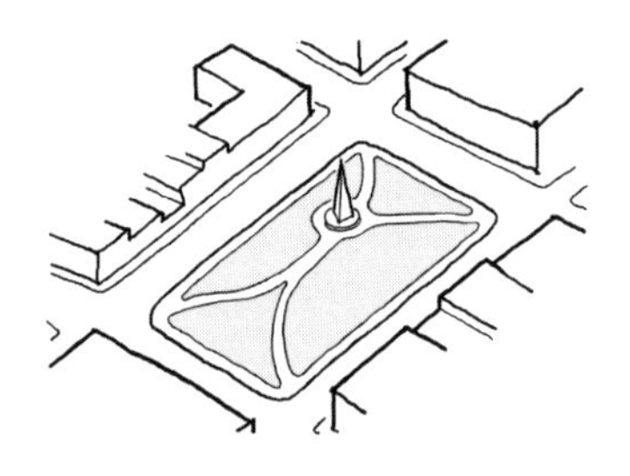

公園と街路を結ぶ歩道がやや曲がりくねっていると、歩行者の散歩の時間を著しく損なわない場所に、興味深いものや多様なものを設置できる

直交する格子状の街路の内部にある公園

公園とは、通り沿いの広い場所のことである

　公園が最もその役割を果たすのは、公園内の歩道が周辺地域での歩行者の活動という、より広い行動パターンにつながっている場合です。そういう場合、歩行者はどこかへ行くついでに公園を通り抜けられるようになります。歩行者が公園を日ごろから利用するようになると、公園での活動の基準が生まれます。この基準によって、公園を探している人々など歩行者以外の人々にとって、そこはより安全でより興味深い場所になります。

45cmの高さがあれば、人はその上に座る

　ほとんどの人は約38〜51cmの高さの水平面に心地よく腰かけます。可能な限り、この高さに、プランター、擁壁、柱脚、窓台、車止めポールなどのいちばん上の面（水平面）を設置しましょう。

69

ロブソン・スクエア*16の階段とスロープ、ブリティッシュコロンビア州バンクーバー
設計：アーサー・エリクソン*17

継ぎ足すのではなく組み込む

移動の際に車いすなどが必要な人々は、大多数の人々と同じ経験をしたいと思いながらも、移動に必要な設備が空間の邪魔になっているのではないかと気にしすぎているかもしれません。一方、健常者もスロープやエレベーターをときどき使うでしょうが、使用時に気まずい思いをしたくないと考えています。公共空間をデザインする際は、健常者向けに設計したあとから特別な設備を取り付けるのではなく、こうした設備を設計の過程に最初から組み込んでください。異なる状況の人々のそれぞれに対応するデザインを行うことは、負担ではなくチャンスなのです。

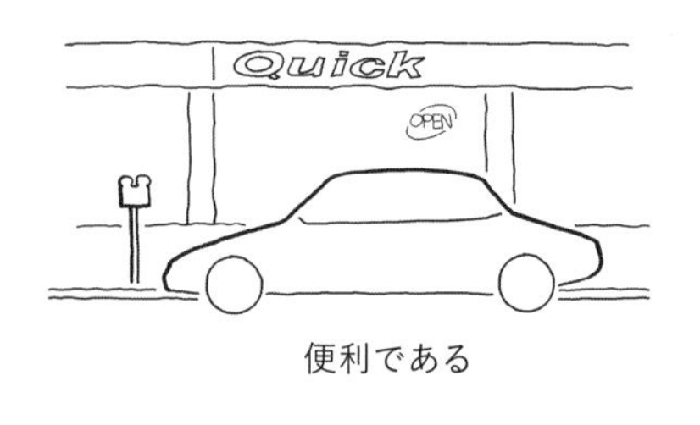

便利である

歩行者を保護する

通り過ぎる車の速度を遅くする

路上駐車のメリット

街路を高摩擦にする

いつも街路で車を飛ばしすぎているドライバーは、街路がもともともっている空間の特徴に応じて行動しているのです。その境界で**摩擦**が生じる街路を走っているとき、ドライバーはかなり速度を落とします。そうした摩擦を最も効果的に起こすのは路上駐車であり、ほぼすべての街路で路上駐車が行われるべきです。狭いレーンや対面通行の場合も、ドライバーは速度を落とします。成長した木々が特に中央分離帯に植えてある場合もドライバーは速度を落としますが、そのときは衝突を避けたいだけではなく、街路の雰囲気をもう少し長く楽しみたいと思っているのです。歩行者が多い場合も同様の効果があります。歩行者が多いと、ドライバーは危険の発生を防ぎたい、人間観察をしたいと思うからです。スピード防止帯、立体交差点など地域での対策によって、効果的に車の速度を遅くすることができます。ただ、こうした措置は街路のデザインの本質的な欠点を表面的に繕うものになりがちです。

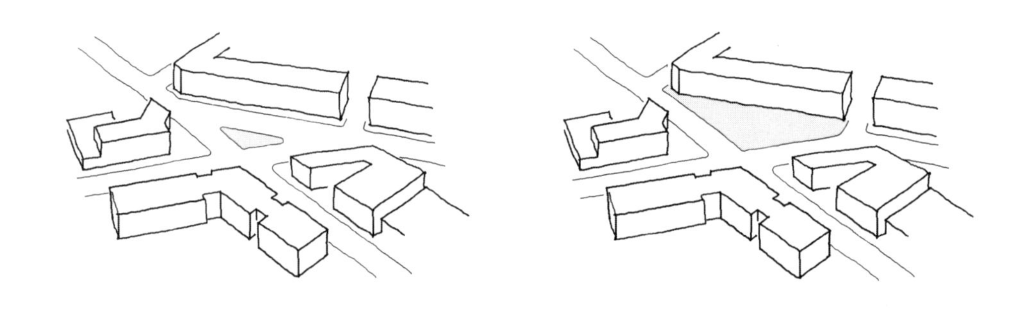

漂流するものを捕らえる

不規則な形の街路が合流する場所には、利用しにくい形の安全地帯がよく生じます。そこは多くの場合、歩道から離れた狭い場所になるので、歩行者は利用できません。その結果、安全地帯は誰にも利用されず、（あるとしても）ほんのわずかな木々しか植えられず、適切な状態に保たれなくなります。

このような見捨てられた場所は、その一辺を付近の歩道沿いに寄せると、かなり役立つ場所に変えることができるものです。即席の広場のような空間ができて、たいていは交通に与える影響が最小限で済みますし、歩きやすさが非常に向上する場合も珍しくありません。

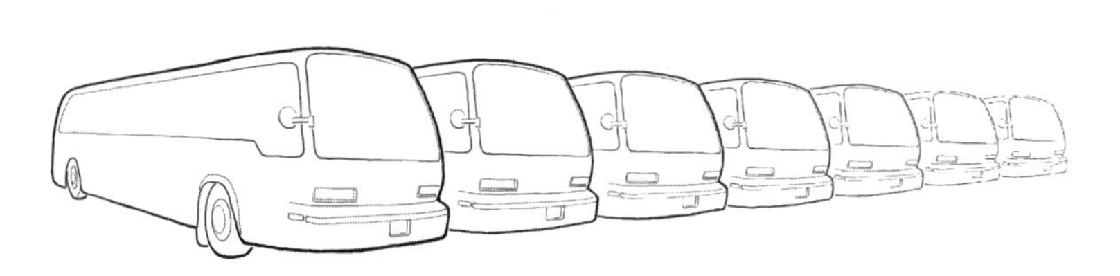

都市には裏庭が必要だ

都市の集落には、砂利や砂の貯蔵所、電車、タクシー、スクールバスのほか、公共の安全を守り公共の事業を行う車両を修理・保管する場所、発電所、ごみのリサイクルや処理の施設、石油やガスの貯蔵施設、倉庫、工場が必要です。こうした施設には、地域社会において果たさなければならない任務があります。お上品な再開発計画を進めようとして、なくしてしまうわけにはいきません。

73

Not	私の
In	家の
My	裏庭には
Back	建設
Yard	するな

Not	私の
In	家がある
My	住宅街では
Residential	開発は
Only	決して
Development	するな

Common sense　常識

Build	私の
Absolutely	家の
Nothing	近所には
Anywhere	何も
Near	建設
Anything	するな

NIMBY：「Not In My Back Yard」の頭字語。地域環境にとって好ましくない施設の近隣への設置を反対する人々のこと。
BANANA：「Build Absolutely Nothing Anywhere Near Anything」の頭字語。NIMBYと同じく、望ましくない施設の近隣への設置を反対する人々のこと。NIMBYよりも強固な反対をする人々ともされる。
NIMROD：「愚か者」の意。

用途よりも規模で区分する

住宅街に住宅とは別の用途の建物を建てようとすると、しばしば激しい論争が生じます。ただ、建設反対派ですら気づいていないかもしれませんが、反対する理由はその建物と住宅を比べて用途が異なることよりも、規模が極端に違うことである場合が多いのです。たとえば、大型スーパーの進出はどこの住宅街でも反対されるでしょう。ところが、小規模な小売店なら住宅街にあっても住宅と共存できます。実際、小売店、会社、施設、組立業の大半の建物、さらには修理業や軽工業の用途をもつ建物も、住宅と同様の規模で、住民に脅威を与えないのであれば、十分かつ見事に住宅と共存できます。

74

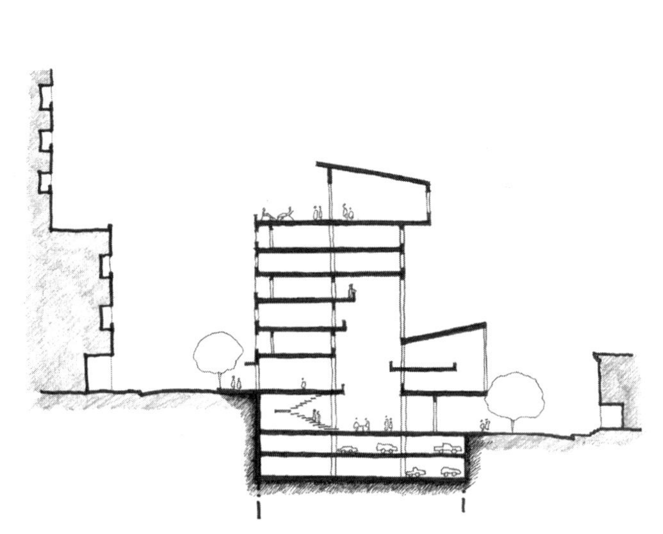

街路の反対側を描く

あなたが計画している地域は、街区や一区画の土地の境界線までであるとします。ところが、計画がもたらす影響や、計画に影響を与える諸要素は、計画の範囲をかなり超えて拡大します。街路の反対側や関連する自然景観をすべての設計図で示したうえで、常に状況をよく考えてプロジェクトを提示しましょう。

ヘリを着陸させろ

　都市デザイナーは通常、そしておそらくはやむを得ず、断面図や立面図や目の高さの透視図よりも、平面図や俯瞰図の作成に多くの時間を費やします。ところが、日常生活では何かを上から見ることは皆無ではないにしてもめったにありません。空間相互の関連は俯瞰図などでは説得力があるように見えても、その環境で暮らす人々にとっては、不快なもの、的外れなもの、場合によっては気づかないものかもしれません。

　ですから、設計する際は、設計図や模型の中に自分自身がいるところを想像しましょう。計画中の空間を思い浮かべ、その中に自分自身を置いて、利用者の身になって設計しましょう。断面図、立面図、透視図、模型を使って、デザインを決定しましょう。ただし、そうした方法は、上空から見る方法ですでに決めたアイデアを描く目的では使わないように。

76

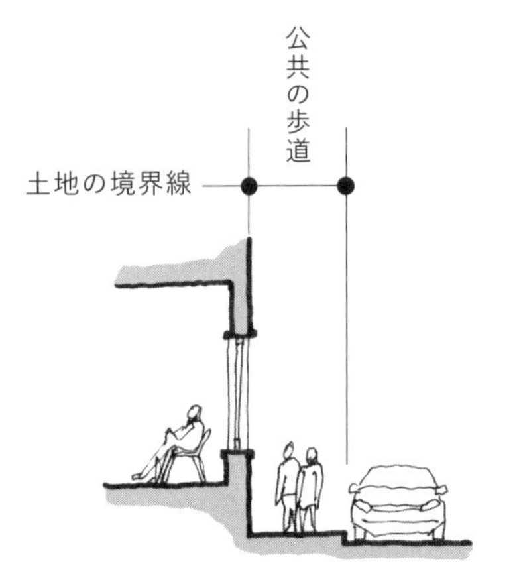

歩道から水平方向ではなく垂直方向に離す

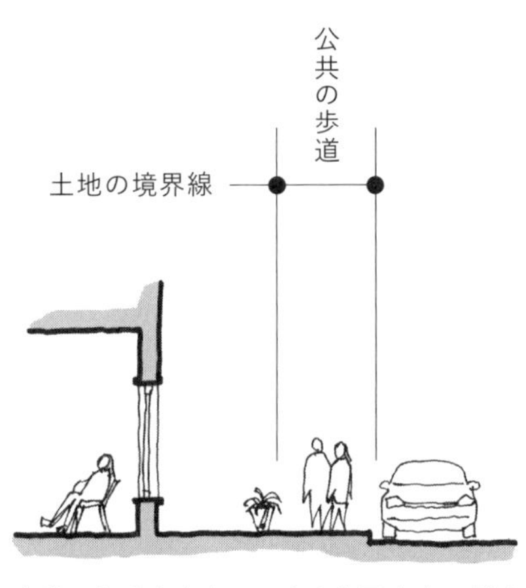

歩道から垂直方向ではなく水平方向に離す

30cm上昇＝90cm後退

住民のプライバシーと心理的な快適さを確保するには、公共の道路と住宅との間を離す必要があります。そのためには、水平方向よりも垂直方向に離す方が効果的です。歩道から90cm後退したものの歩道と同じ高さにある部屋で座っている人は、道行く人よりも低い位置にいることになるので、人目にさらされているようで無防備だと思いがちになります。ところが、歩道に接していても歩道から90cm高くした部屋で座っている人は、ほぼ必ず、より快適に感じるようになります。

街路の公共性が高いほど、住宅との間を大きく離す必要があります。小さな町の地域色豊かな通り沿いの住宅には、通りとの間を離す必要はほとんどあるいはまったくないでしょう。都市の交通量が多く用途が混在する通り沿いの住宅には、ほとんどの場合、通りとの間にかなりの間隔が必要になります。この種の住宅は建物の2階に構えるのが最適でしょう。

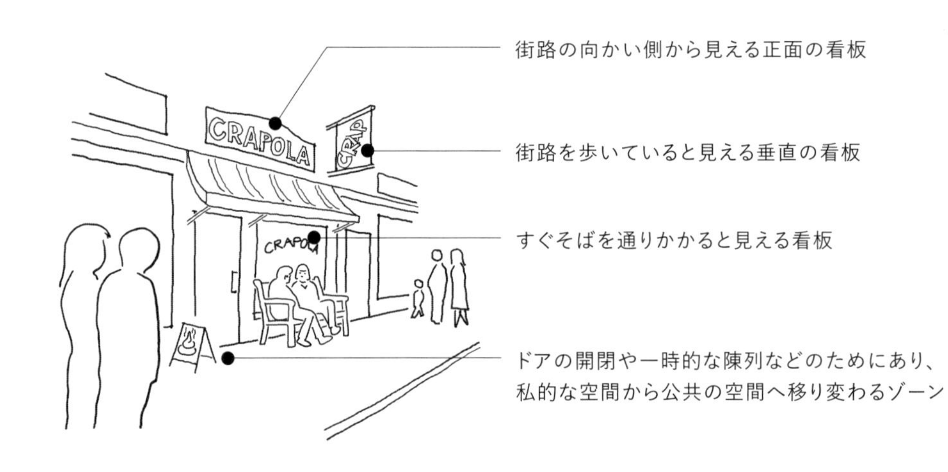
CRAPOLA
CRAPOLA
街路の向かい側から見える正面の看板
街路を歩いていると見える垂直の看板
すぐそばを通りかかると見える看板
ドアの開閉や一時的な陳列などのためにあり、
私的な空間から公共の空間へ移り変わるゾーン

小売店にはこだわりがある

小売店は、店舗の狭い幅の面を歩道に向けて、ショーウインドーで商品を通行人に示す必要があります。多くの人に店の正面入口を通ってもらいたいので、階段など店に入りにくくなる邪魔なものは不要です。とはいえ、店がビルの2階や地下にあれば賃料は安いはずですし、そんな場所でも歩道を通りかかる人の数が多ければ、かなりの数の人が店に入るためにわざわざ階段を昇り降りするものです。町の中心から離れたところの通り沿いがいいのは、人が偶然に店を見つけてくれるからです。街路の交差点の角がいいのは、人が四方から店を見つけてやってきてくれるからです。警備員を雇えたり、店内に何カ所もレジを置けたりする大型店でない限り、入口は1カ所だけが理想です。そして、何より、小売店はほかの小売店の近くがいいと思っています。それでも、歩道により近い場所にある他店がうらやましくて仕方がありません。

78

工作用紙

考え方に合ったツールを使う

デザインの過程は単純ではありません。街路のレイアウトを考えているかと思うと、次の瞬間には街灯柱の形を考えているといった具合です。こうした考察には、異なる道具が必要になります。ある地域の「骨組み」を考え出そうとしているときには、太いマジックペンと工作用紙がいちばん役立つでしょう。大まかなアイデアが三次元で実現可能かどうか判断しなければならない場合は、コンピュータの製図ソフトを使ってそのアイデアを検証してから、アイデア自体を再び検討することになるでしょう。より三次元に近い形で考えなければならない場合は、研究室にある物を積み上げてもいいでしょう。

アイデアがまとまった段階ですぐに複数の応用例を作成するにはコンピュータモデリングプログラムが役立ちます。ただし、必ず適切なソフトウェアを使わなければなりません。必要なのはアイデアを設計図の上で決めることだけだとしても、一部のプログラムでは寸法や材料の入力を求められるからです。こうしてディテールを決定できたら、コンピュータから離れましょう。直感的洞察をうながす可能性が最も高いのは手作業による方法だからです。

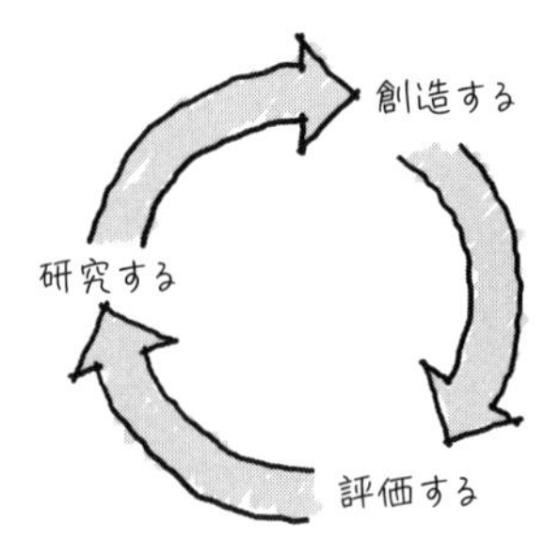
創造する
評価する
研究する

情報は多すぎても少なすぎても役に立たない

情報が多すぎると計画が難しくなるのは、あなたが思いついたアイデアがどれも計画に適切に対応しないとわかるからです。情報が少なすぎると計画が難しくなるのは、どのアイデアも実社会の基本原理を十分に反映していないからです。デザインするに当たっては、状況に関する情報が必要です。それなのに、デザインのアイデアを練っているときになってようやく、どの情報を探すべきかがわかるのです。この難問から逃げないでください。とにかく始めましょう。

80

本能
刺激への反応で、
おおむね予想できる
生来の行動

衝動
思わず行動したくなる、
突然の強い感情
または欲求

直感
理性で判断する過程を経ずに、
迅速かつ総体的に
理解できる能力

衝動でスタートし、直感でデザインし、データで裏付ける

デザインのプロセスは往々にして即興的です。意義深いアイデアは想像、その場の思いつき、直感、何気なく観察した結果から生じる場合があります。具体的には、敷地Cは敷地AやBよりも重々しい雰囲気で裁判所に向くように見える、街路の一方の側は力強い印象で反対側は繊細な印象である、計画中の宅地開発で1ベッドルームのユニットの占める割合が住宅市場には向かないと思うがその根拠を説明するのが難しい、などといったことです。

主観的な観察による結果はアイデアの重要な源なので、よく掘り下げるべきです。ただ、そうした結果は、信頼できる調査データの裏付けなしに、デザインの主要な決定の根拠として使うべきではありません。そして、データを得たら、もとからいいと思っていたアイデアを支持しようとして新たな証拠を解釈する傾向に、すなわち**確証バイアス**に気をつけましょう。

81

「愚か者は知識を伴わない想像力に従って行動する。
学者ぶる者は想像力を伴わない知識に従って行動する」

—— ウィリアム・アーサー・ウォード＊18

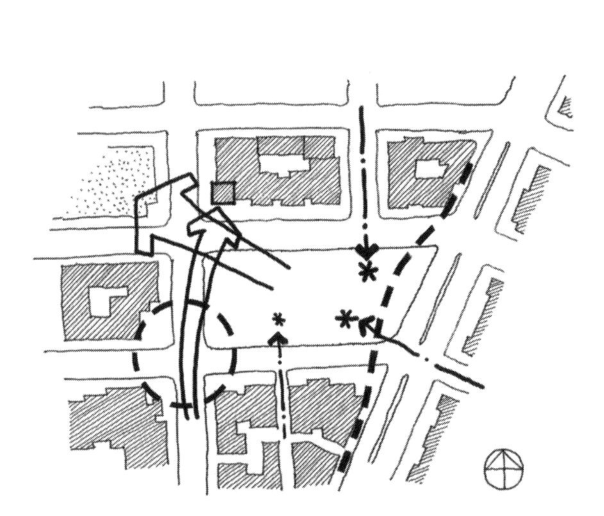

設計するだけではなく、「対応」する

既存の状況に関する詳細な記録と分析によって、デザインの内部の状況を形づくることができます。そして、その形をつくらなければわからないままだったと思われるチャンスを見つけることもできます。分析ポイントの大半は、あなたの場合もほかの学生の場合も同じになるでしょう。とはいえ、そうしたポイントはいずれも数多くの対応につながる可能性があります。あるデザイナーは、記念碑的な建造物の設置によって重要な軸線に対応するかもしれません。別のデザイナーはその建造物に向かって歩いていく人々を迎え入れる屋外空間を創造するかもしれません。3人目のデザイナーは、斜めの壁をつくり、その壁の日当たりをよくして、歩行者の視線を新たな通路に向けさせるかもしれません。

一般的な分析ポイントの具体例

歩行者の活動　小道、多くの人が歩いてできた通り道、集合（頻度、時間）

ヴィスタ（見通し線）　敷地や付近の軸線となる街路を見通す眺めで、保存あるいは強調されるべきもの

建築の要素、建物　1階やその上の階の用途、正面と裏手の関係、規模、材料、様式、建物のボリューム感など

自然の要素　太陽の軌道、影、風、大気環境、排水、地形、地下の状況

街路　質、階層、空間の特徴、歩行者の優先

83

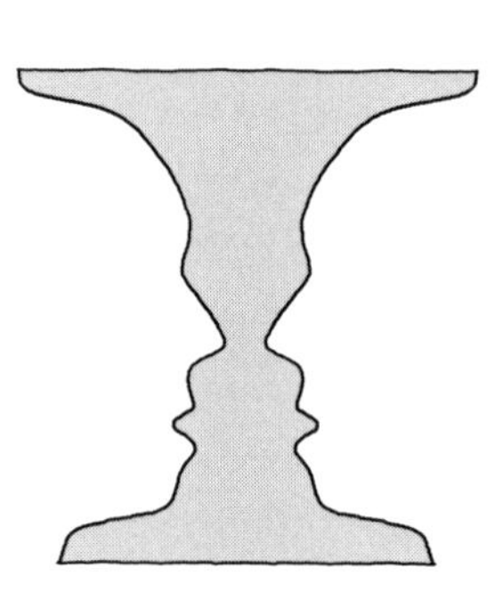

統合は妥協に勝る

妥協しようとする場合、争っている最中の問題や当事者は、互いに競い、部分的に相容れない状態にあるものです。そこで、それぞれの問題に部分的に折り合いをつけ、各当事者をある程度満足させるように、相違点について交渉することになります。

一方、相違点の**統合**を目指す場合は、すべての面で相違点よりも優れた結果を探すことになります。衝突とは未知の状況がもたらす結果であるという考えに基づいて、私たちは統合を目指します。その未知の状況を特定できれば、衝突を解消したり捉え直したりする、より包括的あるいは本質的な問題と、いま抱えている問題を置き換えられるでしょう。そうなれば、矛盾する問題の食い違いはなくなるでしょうし、相互にメリットのある予想もしなかった方法によって共存や協力が可能になるでしょう。

84

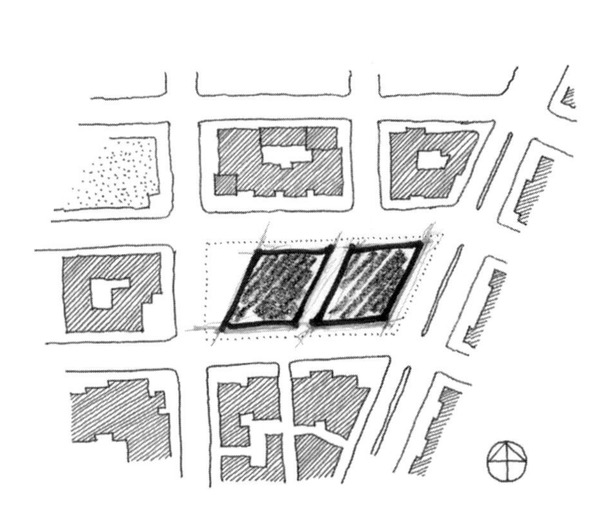

どんな決定を下すときも、少なくとも2つのことを完成させる

左のページには、ある空地向けの簡素な設計案が示されています。この設計案にある2つの建物の形は単純ですが、既存の多数の状況に対応しています。建物の北側、東側、南側の立面は、既存の街路の壁面にならって、歩道に面しています。西側の斜めの立面には次のような特徴があります。まず、ハードスケープとしての公共の広場をもたらします。そして、この立面は敷地の東端の街路の形を参考にして、公園に対して斜めに向き合う形になっていることで、南側からやってくる歩行者は時計台が見え、南側から射す日光で広場と時計台は明るく見えるようになっています。2つの建物の間の通路は、既存の2つの公道とつながり、この地域における移動をうながします。最終的に2つの平行四辺形は簡潔であると同時に活力に満ちた形になります。そして、整合性があって建築的に興味深い建物に発展する可能性を示しています。

ただ、このように成功すると思われる設計案だとしても、状況に関して考慮すべき要素のうち、それと合致するのは比較的少数です。状況的な要素の多くは、その敷地にどんな建物を建てることができるのか、あるいは建てるべきなのかについて、設計案とは異なる事実や、もしかすると正反対の事実さえ示すかもしれません。

85

ときには1つのことを極めてうまく行う必要がある、たいていはあらゆることを十分にうまく行う必要がある

解決しなければならない問題が10ある場合、そのうちの1つの解決に執着して残りの9つを棚上げにしておくのも、10の問題すべてをうまく解決するための時間が十分にできるまで何もしないでいるのも、やめましょう。10の問題すべてについて大まかな解決策を考え出してください。それから、すべての問題に少しずつ取り組んでください。それぞれの解決策を検討する際に、ほかの問題をより適切かつ無駄なく解決する方法を探しましょう。そうすれば時間を節約できて、プロジェクトを総体的に考えやすくなるので、特に気になる問題だけにこだわらなくてもよくなります。

86

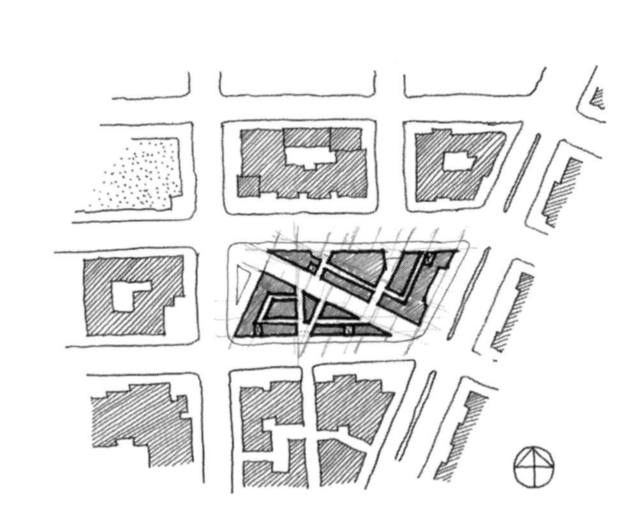

人々はどのように、どこに「移動する」のか？

プロジェクトの目的が休息するための場所をつくることだとしても、そもそも都市の敷地はすべて移動するための場所であることを理解しておかなければなりません。むしろ、ある敷地を最終的な目的地と考えているのは、その敷地を使ったり、その敷地の影響を受けたりするほんのわずかな人々だけで、ほとんどの人々は、どこか別の場所へ行く途中で通り抜けたり、そのそばを通ったりするにすぎません。

人、アイデア、活力の流れをうながすために、そして出会いの機会を最大限にするために、敷地の動線の設計案は既存の移動のパターンを収めなければならないうえ、新たなつながりをもたらさなければなりません。建物内の動線であっても、より大規模な都市システムとの関連で解決しなければならないのです。

87

分析
マスター
プラン

当たり前のことをするのを恐れるな

当たり前のことをするのは、創造性と矛盾するように思うかもしれません。ある設計に関する解決案が単純明快な場合、あなたは誰かがすでにその案を思いついているはずだと考えるかもしれません。

ところが、実際はその逆のケースがほとんどです。自らの仕事が独創的か、自己を表現できているかなどと気にせず、設計者が真摯に観察し、徹底的に分析し、偏見をもたずに洞察し、知的に意思決定を行う場合、その仕事はより独創的になるものなのです。その結果は、誰もがすでに思いついているもののように見えるかもしれません。級友の前でそのアイデアを公表されたら、笑われるのではないかと心配になるかもしれません。研究室の全員が、そのアイデアを思いついていたのに、あまりにもわかりきった解決案なので、誰もが賢明にもその案を採用しなかったのではないか。そんなふうにあなたは想像するかもしれません。けれども、あることがあなたにはわかりきっていると思える場合は、たいていそれが当然だからであり、ほかの人も同じことを考えているからではないのです。

「独創性を気にしていると、独創的なものは決して創造できない。一方、ひたすら真実を（それがすでに何度語られたかは気にせずに）語るようにすれば、たいてい気づかないうちに独創的になっているものだ。自己を捨てること。そうすれば、本当の自己を見つけられる」

――C・S・ルイス＊19

大きな広場をつくるために、街路の向かい側のビルの立面を新しく整えた
興味深い措置だね。広場を活性化する方法は考えた？
時計台はどう？素晴らしいと思うけど！
地下鉄の地上駅が必要では？　地上駅は時計台の内部に設置できる！
広場の2つの部分をつなげるには、特別な敷石を使わなければならない
この都市のこの場所にこんな空間が必要なのか？

大きな計画を立てている間は細部にまで気を配る、細部に取り組むときは全体像に注意を払う

最善のアイデアを、ほかの場所や規模に応用できる原則に変えましょう。

小さな措置　歴史的建造物の周辺の街路をカーブさせましょう。
大きめの措置　その建物がその地域に与えている影響力の大きさを参考にして、平行する街路を「反響」効果としてカーブさせましょう。

大きな措置　その地域の車の交通を整理するために、並木のある大通りのネットワークをつくりましょう。
小さな措置　都市のレジビリティ（わかりやすさ）を増すために、大通りの各交差点に公共のモニュメントを設置しましょう。
中くらいの措置　大通りによって囲まれた各地域の内部に、ほかの地域とは異なる特徴を備えた街路のシステムと近隣をつくりましょう。

小さな措置　新しくつくる複合用途の開発地域に、シェアサイクルのレンタル施設を計画しましょう。
追加の小さな措置　修理や食事のための場所、トイレなど、自転車に乗る人々が利用できる施設をつくりましょう。
中くらいの措置　付近の街路に自転車専用レーンを計画しましょう。
大きな措置　自転車用通路がある直線状の緑地をつくり、都市内のほかの広い緑地と新しい開発地域をつなぎましょう。

厄介な問題を解決する鍵は、それを解決しようとするのをやめることだ

厄介な問題とは、複数の副次的な問題が複雑に絡み合っている問題のことです。個々の副次的な問題を解決しても厄介な問題を解決できないのは、副次的な諸問題が絶えず変化して影響を与え合うからです。1つの副次的な問題の解決によって、それ以外の数々の問題が変化したり、ある副次的な問題が「解決できない」状態になったりします。

厄介な問題には、対処する範囲を徐々に増やしつつ総体的に取り組んでいかなければなりません。ある副次的な問題について調べるときには、いくつかの実行可能な解決策を探りつつ、最終的な解決法は決めないでください。そして、副次的な問題を2つずつ、あるいはグループごとにまとめて考えましょう。やがて、計画自体は依然として進まなくても、一度に2つか3つの問題を解決する方法が直感でわかるようになります。そのあとで、厄介な問題の全体を考えてください。厄介な問題を生じさせ、その解決を妨げる価値観や前提とは何か、最終的な解決法を確実に形づくる目標や価値観とは何かについて、考えましょう。

究極の解決法は、副次的な問題の解決策を寄せ集めたものではなく、副次的な問題相互の関連に対処するシステム、方針、過程をまとめたものなのです。

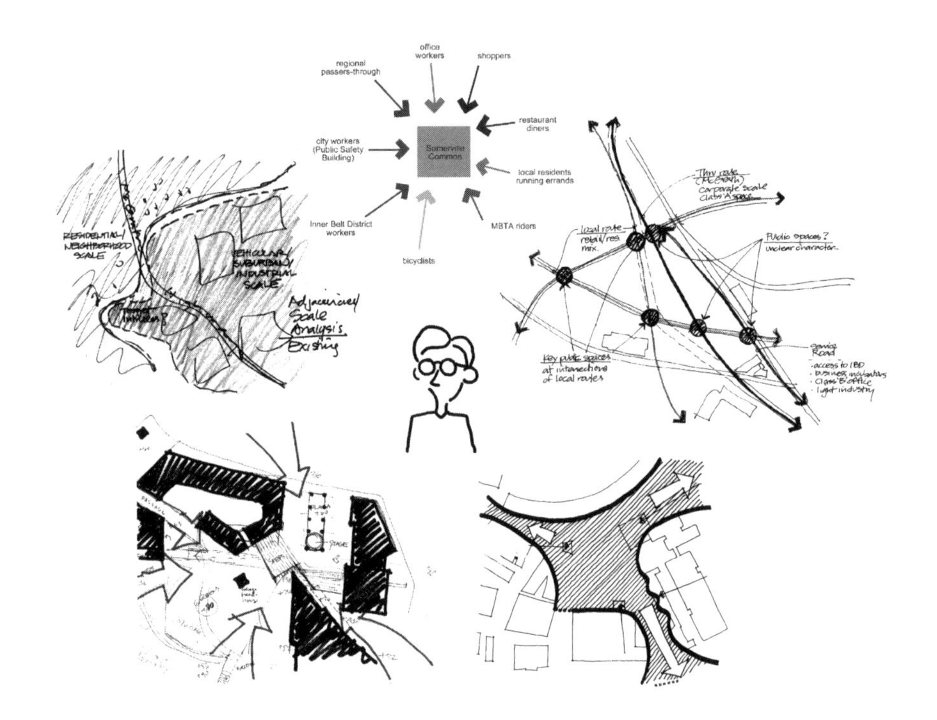

regional passers-through
office workers
shoppers
restaurant diners
city workers (Public Safety Building)
Somerville Common
local residents running errands
Inner Belt District workers
bicyclists
MBTA riders
RESIDENTIAL/ NEIGHBORHOOD SCALE
VEHICULAR/ SUBURBAN/ INDUSTRIAL SCALE
Scale Analysis: Existing
Thru route (McGrath)
Corporate scale
local route
retail/res mix.
Public spaces?
unclear character..
Key public spaces at intersections of local routes
Service Road
· access to IBD
· business incubators
· Class 'B' office
· light industry

危機がなければ、突破口はない

どこかの時点ですべてが失敗に終わることがあります。あなたの最高のアイデアがうまくいかなくなったり、ある程度はうまくいっているものの全体にまったくかみ合わなくなったりします。プロジェクトを進める方法が見つからなくなるのです。以前のプロジェクトがうまくいかなかったときを振り返って、なぜ過去の失敗から学ばなかったのかと呆れてしまいます。デザインの過程をうまく進められないのは、大失敗を防げないのは、目指している分野に向いていないのは、どうしてなのかと悩むのです。

そんなふうに考えあぐねた末、何もかもがうまくいかないことは必要な過程の一部なのだと気づきます。この先うまくいかないときには、失敗しそうだと気づくでしょうが、それはあなたが適切な方法でプロジェクトを進めているからです。失敗を経験し、失敗も必要な過程だったと気づいたあとは、危機を事前に察知し、状況に迅速かつ適切に対応するはずです。

物理的な観点に基づく主張
実用的である、
機能的である、
必然的である、
統合されている

人間に重きを置く主張
個人的、社会的、
文化的な必要性と
価値観に応じている

設計案

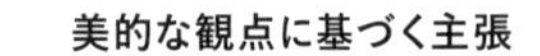

美的な観点に基づく主張
美しい、調和がとれている、
アイデアに富んでいる、楽しめる

自然に重きを置く主張
生態系に対応し、適応している

設計案は主張である

主張には根拠が必要ですが、説得力のある主張とは隙のない主張ではありません。主張が完璧に正しい場合、それは**主張ではなく**、事実の提示です。したがって、効果的な主張とはあなたの主張が正しいのだと示すことではなく、非の打ちどころがない根拠を揃えられない場合にあなたの見解が妥当であると示すことなのです。

93

IRON
WORKS
KE REPAIRS
ARTSTORE

容赦なく自己批判する

あなたは自らが計画した公共の広場を歩いて通り抜けるつもりはありますか？　本当に？　そのような場所を利用し、楽しんでいますか？　あなたが設計図で描いたのは、喜んで利用している人でいっぱいの遊歩道です。その遊歩道は、あなたの設計図が示しているのと同じくらい、活気があるでしょうか？　そのデザインは人間の社会的行動として認識されている原則に基づいていますか？　人はあなたのプロジェクトの外観を魅力的だと思うでしょうか？　あなたは自宅の居間からその広場を見たら、その眺めに満足できるでしょうか？　あなたはいま、街路の向かい側にその広場と似たような場所がある家に住んでいますか？　こうした質問の答えがノーなら、ほかの人があなたの設計した広場を利用したがるはずだといえるでしょうか？

94

フェンウェイパーク*20、マサチューセッツ州ボストン

場所＞空間

都市デザイナーの最も重要な仕事は、物理的な空間の設計です。とはいえ、デザイナーが最終的に目指すのは、その空間が利用者に場所として愛されることです。空間は物理的な環境ですが、場所は人々が個人的な愛着をもつ空間です。数十年、数世紀にわたり、この愛着が空間を変え、豊かにします。利用者はその空間を新たな目的に合わせ、木を植え、そこに完璧ではないにせよ手を入れ、そこで友人に会い、人生を見つめ、ベンチにイニシャルを彫ります。こうした変化が相まって、そこはほかの人々にとって意味深い場所になります。そして、最初にその場所を形づくったデザイナーよりもこうした変化こそが、最終的にはその場所の利用者やそこに存在する文化を物語るようになります。

Students of urban design dwell in contradiction. In the design studios they take each semester, they are charged with designing important parts of cities and towns, even though they have little design experience and a limited understanding of urbanism. They are given minimal up-front instruction on how to achieve their goals; instead, they must learn by doing. This approach is perhaps necessary—as instructors, we cannot claim to have found a better way—but it asks the student to move in opposite directions at the same time, forward toward the completion of a project, and "backward," toward the broad understandings needed to complete it well.

How does a student negotiate this paradox? How does one design something before knowing anything about it? Where does one start—with understanding or action? Are there tangible strategies one can lean on while remaining on the lookout for larger learnings?

The answers are unlikely to be found in textbooks or a formal lesson plan. But they exist in the design studio nonetheless, typically in parenthetical conversations and off-handed observations instructors offer students to get them unstuck, shoo them off a wayward course, or simply inform or inspire them. ...ce the parentheticals are out of the way, the ...tructor returns to the lesson plan-ostensibly the

都市デザインの学生は、日々、矛盾を抱えています。まだデザインの経験がほとんどなく、都市計画の理解も浅い段階で、デザイン実習で都市や町の重要な部分のデザインを任されるからです。学生は目標を達成するための指導を最小限しか受けずに、実地で学ばなければなりません。こうした取り組みは必要でしょうし、指導者である私たちもこれよりよい方法があるとはいえません。ただ、この方法によると学生は反対方向に同時に行動を起こさなければなりません。プロジェクトを完成させるには未来を目指し、プロジェクトを首尾よく完成させるのに必要な理解を得るには過去を振り返らなければならないのです。

学生はどうやってこの矛盾に対処するのでしょうか？　デザインについて何も知らない段階で、どのようにデザインするのでしょうか？　理解か行動か、一体どこから始めればいいのでしょうか？　学生が非常に広い範囲を学ばなければならないとき、頼りになる具体的な方策はあるのでしょうか？

答えは教科書や正式な授業計画の中には見つかりそうにありませんが、デザイン実習の中にあります。たいてい、指導者は学生との対話で説明を補ったり、何気なく意見を述べたりして、学生をリラックスさせたり、軌道修正したり、勇気づけたり、激励したりすることで、答えを示すのです。それでも、指導者はこのような補足的な指導が本筋から逸れると授業計画に戻ることになります。表向きは授業計画による指導が……

パリンプセスト（Palimpsest）

PAL imp sest

名詞

1　すでに書いてある文面を消してから、その上に手書きなどで書いた文書で、元の文書の内容が一部判読できるもの。

2　何であれ、再利用または改変されたあとも元の形をとどめているもの。

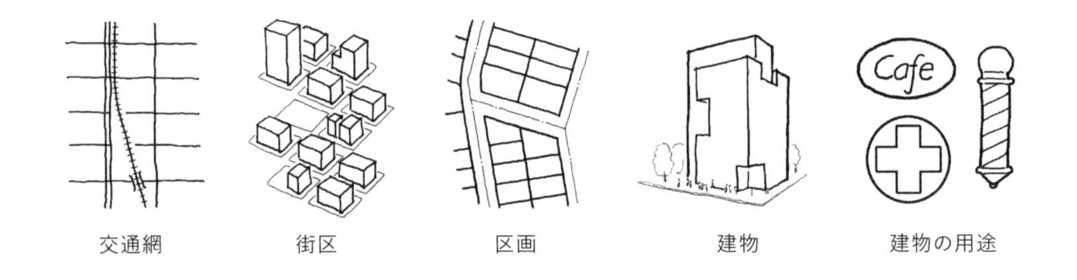

Cafe
交通網
街区
区画
建物
建物の用途
複雑さが増す
変化の速度が速くなる

変化は繰り返す

都市計画は一度きりで解決する課題ではありません。それは暮らしの産物です。暮らしが変化をもたらすと、都市計画そのものも大きく変化します。都市計画は人間の誕生、成長、努力、成功、失敗、死を、具体的な形にしているのです。

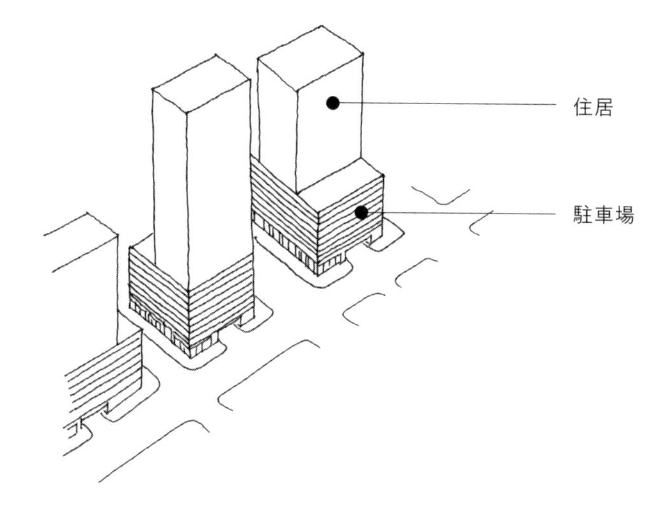

都市にそっくりな空間で行われる郊外の社会秩序

都市とは、人々が暮らしている「状況」であり、暮らしている「場所」だけを指すものではない

都市の様式で暮らすことは、都市の地元で生活し、そこで直に経験を積み、都市の社会構造に自らを組み込むことです。郊外の様式で暮らすことは、その地域の習慣に従い、そこに限定される経験を積み、社会的活動にあまり参加しない生活を受け入れることです。

車を運転して仕事に行き、小規模なショッピングセンターで買い物し、地域での付き合いの輪を保って暮らしている都市近郊の住民は、活動的な郊外居住者です。都市デザインや都市計画の最終的な目標は都市の活性化をうながすことであり、郊外の社会秩序が行われる都市空間を単に物理的につくることではありません。

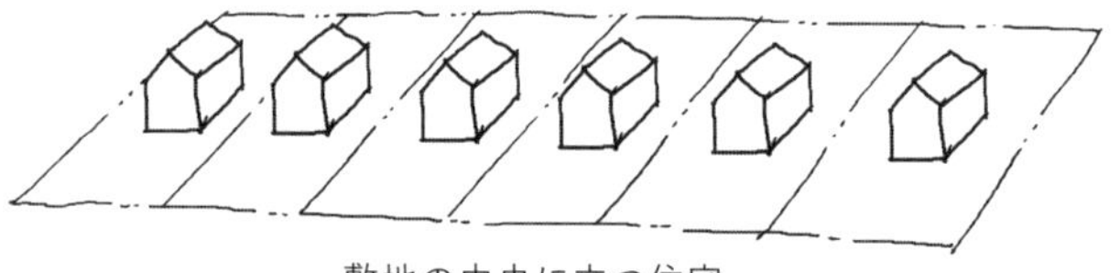

敷地の中央に立つ住宅

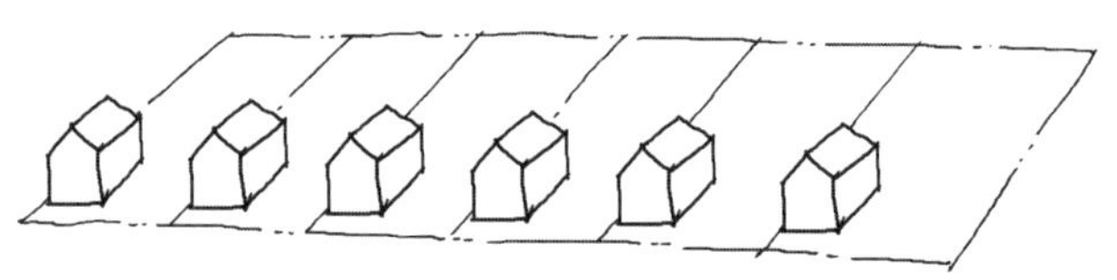

敷地の境界線のそばに立つ住宅

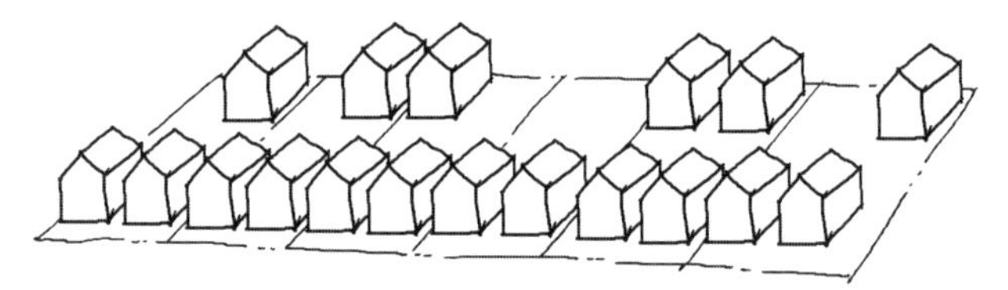

将来、各敷地で生じうる住宅の高密度化

いまは都市化を実現できなくても、あとで都市化が容易になるようにデザインする

郊外の開発は、将来の近隣の開発とつながるようにデザインしましょう。 郊外の住宅および商業開発は、通常、そこに出入りする方法が限られているので、車の動線はその開発地域特有の状況になっています。その開発地にある建物、地域内の街路、駐車場の通路を、近隣の開発地にある建物、地域内の街路、駐車場の通路と調和させると、将来の街路網の整備や統一性のある都市景観の創造がよりいっそう可能になります。

将来、再利用できるように立体駐車場をデザインしましょう。 小売店向けであれば駐車場は1階で十分です。ただ、可能な限り、2階以上ある駐車場をつくり、将来、住宅やオフィスそのほかの用途に対応できるようにしましょう。

住居専用の**集合住宅**については、住戸や建物の機能を損なわないようにしつつ、歩道に面した1階部分の住戸を小売店に転用できるようにデザインしましょう。

いまは高密度化を実現できなくても、あとで高密度化が容易になるようにデザインしましょう。 多くのプロジェクトは、高密度化に対する反対によって阻止されます。そこで、現時点では許容される密度にしつつ、住民などの意見が変わったときに可能な限り高密度にできる方法で、建物を建設しましょう。

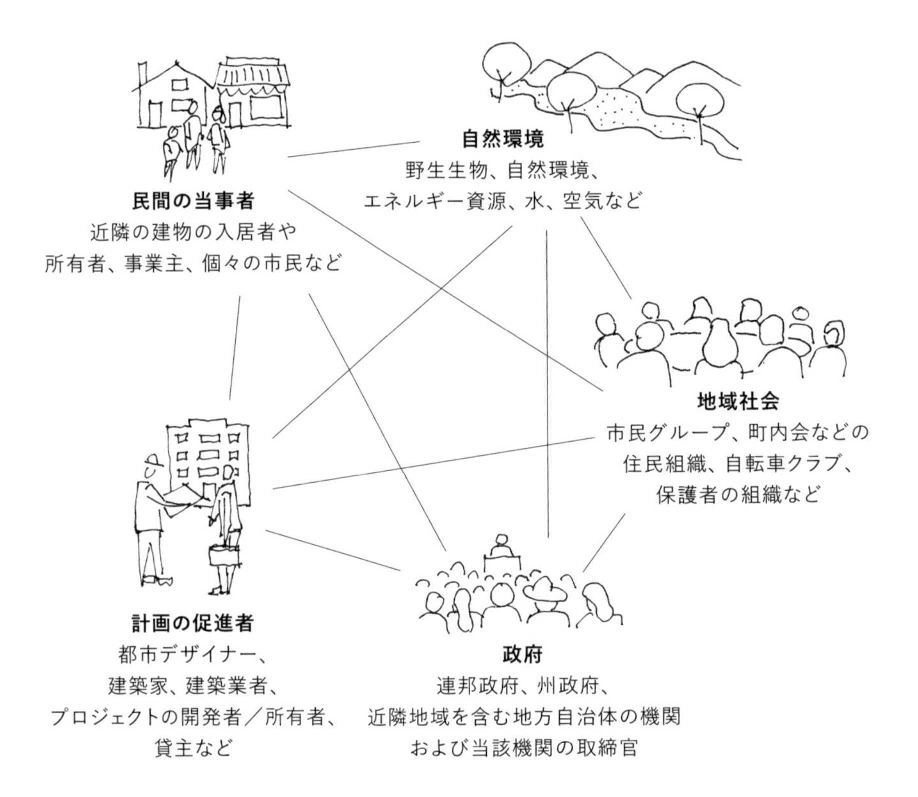
自然環境
野生生物、自然環境、
エネルギー資源、水、空気など
民間の当事者
近隣の建物の入居者や
所有者、事業主、個々の市民など
地域社会
市民グループ、町内会などの
住民組織、自転車クラブ、
保護者の組織など
計画の促進者
都市デザイナー、
建築家、建築業者、
プロジェクトの開発者／所有者、
貸主など
政府
連邦政府、州政府、
近隣地域を含む地方自治体の機関
および当該機関の取締官

共通する利害関係者

人はあなたが描いたものを建てようとはしない

都市空間の創造の進捗は、相反する利益、異なる課題、物理的に厄介な問題、規制上の障害、資金調達など数々の問題によって遅れます。厄介な問題は無益に思われる場合もありますが、都市計画を豊かにするものでもあるのです。問題解決までの道のりが込み入っているほど、解決法もさまざまな要素で成り立っているからです。

名目上、都市デザイナーは都市デザインの過程を率先して行いますが、手に負えない人々については聞かされていない場合がほとんどです。私たち都市デザイナーが果たす役割は具体的ではなく漠然としていて、明確ではなく暗示的かもしれません。結果がデザイナーの思い描いたとおりの形になる例は、皆無ではないにしてもめったにありません。デザイナーがつくる大半の設計案や設計図は、最終的な解決法を示すのではなく、話し合いをうながすのに役立ちます。

あなたの仕事はあなたがいなくなったあとも続く

都市デザイナーは、ある意味、自己中心的でなければなりません。物理的環境やその環境における人々の暮らしを形づくるためには、自信、信念、度胸がかなり必要です。同時に都市デザイナーは、諦めること、自らの思いどおりに計画を進めたい、細かいところまで管理したいという考えを捨てること、都市デザインの過程にはいかなる個人とも比べものにならないほどのスケールがあると認めることに積極的でなければなりません。こうしたことに積極的になれないなら、それは私たちが都市計画に引きつけられているからでもあるのです。私たち都市デザイナーの存在を超えて、決して終わることなく、私たちがいなくなったあとも暮らしを形づくっていく計画に参加すること。それこそが、私たち都市デザイナーが手にしているチャンスなのです。

謝辞

トリシア・ボツコウスキー、スティーヴ・デルプ、ソーシー・フェアバンク、マット・インマン、コンラッド・キッカート、アンドレア・ラウ、ビニタ・マハト、シルパ・メータ、スコット・ペイデン、ダニーロ・パラッツォ、アマンダ・パッテン、アンジェリン・ロドリゲス、モリー・スターン、リック・ウォルフに感謝を込めて。

訳者あとがき

皆さんが本書を読まれたきっかけは何でしょうか。もともと都市デザインに興味があって、101のアイデアをぜひ知りたいと思われたからでしょうか。それともデザイン全般に興味があって、都市のデザインに関してもヒントを得たいと思われたからでしょうか。

私は街を歩いたり、建物を眺めたりするのは好きですが、都市空間をつくっている都市デザインについてはほとんど考えたことがありませんでした。そのため101のアイデアを読む前は、知らないことを学ぶのは楽しいはずだという期待と、わからないことが多くてつまらないのではないかという不安がありました。

ところが最初のアイデアを読んで、心配しなくてもいいのかもしれないと感じました。そのアイデアは、都市デザイン以外の分野にも広く通じると思えたからです。都市デザインに詳しくなくても興味深く読める。著者からそう励まされているような気がして順番に読んでいくと、最初のアイデアは都市デザインの核心となるものだと気づきました。

著者は、読者によって都市デザインとの関わり方が異なるとしても都市デザインへの入口を閉ざしていない。そう感じながら101のアイデアを読み返しました。すると都市デザインそのものが多様な他者とともに生きる空間の実現を目指しているのではないか、都市デザインについてもっと知りたいと思うようになりました。

いつ、どこから読んでも、新たに気づくことがある。そんな101のアイデアを皆さんにも繰り返し読んでいただけますように。

2021年9月　杉山まどか

訳註

＊1　ノリの地図：1748年にイタリアのジャンバティスタ・ノリが作成したローマ市街地図。都市の街路や広場、教会といった自由にアクセスできる場所は白、建物・私有地などアクセスが自由ではない場所は黒で塗り分けられている。
＊2　サバーバン・スプロール：都市を囲む郊外に無計画・無秩序に市街地が広がる現象。
＊3　サンティアゴ・カラトラヴァ：スペイン・バレンシア出身の建築家。ロベール・マイヤール、ル・コルビュジエなどに影響を受ける。代表作に「アテネオリンピックスポーツコンプレックス」（アテネ）、「ワールド・トレード・センター駅」（ニューヨーク）など。
＊4　ポール・ゴールドバーガー：アメリカ出身の建築評論家。著書に『摩天楼―アメリカの夢の尖塔』（鹿島出版会）など。
＊5　ル・コルビュジエ：スイス生まれの建築家。フランク・ロイド・ライト、ミース・ファン・デル・ローエとともにモダニズム建築を代表する巨匠の1人として知られる。代表作に「サヴォア邸」（ポワシー）、「ロンシャン礼拝堂」（ロンシャン）、「国立西洋美術館」（東京）など。
＊6　一点透視法：遠近法の1つ、「一点透視図法」とも表記される。絵画の中で消

失点を1つ定め、すべてのものがその点に収束するように遠近感を表現する方法。
＊7　オスカー・ニューマン：建築家、都市計画家。著書に『まもりやすい住空間――都市設計による犯罪防止』（鹿島出版会）。
＊8　レイ・オルデンバーグ：社会学者。都市社会学を専門にする。主な著書に『サード・プレイス――コミュニティの核になる「とびきり居心地よい場所」』（みすず書房）など。
＊9　ジェイン・ジェイコブズ：ノンフィクション作家、ジャーナリスト。新しい時代の都市開発に伴う都心の荒廃を批判的に論じた『アメリカ大都市の死と生』（鹿島出版会）などで知られる。
＊10　オースティン・クレオン：作家、アーティスト。著書に『クリエイティブの授業 STEAL LIKE AN ARTIST "君がつくるべきもの"をつくれるようになるために』（実務教育出版）など。
＊11　シンシナティ・ネイチャー・センター：オハイオ州ミルフォードにあるさまざまな自然活動を行うことのできる集合施設。
＊12　プロクセミックス：エドワード・T・ホールが提唱した、人間の社会的・個人的空間とそれについての知覚をめぐる民族・文化における相違のこと。知覚文化距離。
＊13　エドワード・T・ホール：アメリカの文化人類学者。著書に『かくれた次元』

（みすず書房）など。

＊14　ポスト・オフィス・スクエア：マサチューセッツ州ボストン中心部の金融街の区画。中央郵便局前の公園は、かつて地上4階建ての立体駐車場が建てられていたが、ノーマン・レヴェンタールの実施したボストンの再開発事業によって、1,400台を収容できる巨大駐車場が公園の地下に建設され、その街区の景観は大きく趣を変えた。

＊15　ノーマン・レヴェンタール：アメリカの実業家。住宅、オフィスビル、ホテル等の開発を主な事業とするビーコン・カンパニーズ社の会長を務めた。「ポスト・オフィス・スクエア」など、ボストンの都市整備プロジェクトの指揮を執った。

＊16　ロブソン・スクエア：アーサー・エリクソン設計による市民のためのパブリックスペース。カナダ・バンクーバーの美術館と州の裁判所、その間のロブソン通りを挟んで設計され、地下空間には行政機関が設置されている。バンクーバー冬季五輪に合わせて開発され、冬にはスケートリンクが開放される。

＊17　アーサー・エリクソン：カナダの建築家・都市計画家。主な作品に「サイモンフレイザー大学」（バーナビー）、「UBC人類学博物館」（バンクーバー）、「カナダ銀行」（オタワ）など。

＊18　ウィリアム・アーサー・ウォード：ルイジアナ州出身の教育者、牧師、作家。「アメリカで最も格言が引用される作家」として知られる。著書に『Fountains of

Faith: The Words of William Arthur Ward(未)』など。

＊19　C・S・ルイス：アイルランド系イギリス人作家。主著に『ナルニア国物語』。

＊20　フェンウェイ・パーク：マサチューセッツ州ボストンの野球場。1911年起工、1912年開場。MLBボストン・レッドソックスの本拠地球場。

著者プロフィール

マシュー・フレデリック　Matthew Frederick
建築家、都市計画家。デザインおよびライティング講師。〈101のアイデア〉シリーズの生みの親。ニューヨーク州ハドソンバレー在住。

ヴィカス・メータ（博士）　Vikas Mehta, Ph.D.
オハイオ州の大学の優れた研究者に認められるオハイオ・エミネント・スカラー（都市／環境デザイン）、シンシナティ大学教授（都市計画）。著書に『Public Space（未）』、2014年に環境デザイン研究協会（EDRA）から賞を授与された『The Street: A Quintessential Social Public Space（未）』がある。

訳者プロフィール

杉山まどか（すぎやま・まどか）
ウェブサイトのニュース記事、ビジネス関連の翻訳を手掛ける。訳書に『プリツカー賞 受賞建築家は何を語ったか』（丸善出版）などがある。

都市デザイン 101のアイデア

2021年10月25日　初版発行
2024年　7月10日　第2刷

著者　マシュー・フレデリック、ヴィカス・メータ
訳者　杉山まどか

デザイン　戸塚泰雄（nu）
日本語版編集　田中竜輔（フィルムアート社）

発行者　上原哲郎
発行所　株式会社フィルムアート社
〒150-0022 東京都渋谷区恵比寿南1-20-6 プレファス恵比寿南
Tel 03-5725-2001　Fax 03-5725-2626
http://www.filmart.co.jp/

印刷・製本　シナノ印刷株式会社

Printed in Japan
ISBN978-4-8459-2102-7 C0052